ÉTUDES

DE

LÉPIDOPTÉROLOGIE

COMPARÉE

Fascicule XI bis

CONTRIBUTIONS A L'ÉTUDE

des

Grands Lépidoptères d'Australie

(Genres COSCINOCERA et XYLEUTES)

PAR

CHARLES OBERTHÜR, CONSTANT HOULBERT et F. P. DODD

RENNES

IMPRIMERIE OBERTHÜR

1916

LÉPIDOPTÉROLOGIE COMPARÉE

Faune Entomologique de l'Australie

Études de Lépidoptérologie comparée
Fascicule XI bis

CONTRIBUTIONS A L'ÉTUDE

des

Grands Lépidoptères

d'Australie

(Genres COSCINOCERA et XYLEUTES)

PAR

Charles OBERTHÜR, Constant HOULBERT et F. P. DODD

RENNES

IMPRIMERIE OBERTHÜR

—

1916

Carte de l'Australie

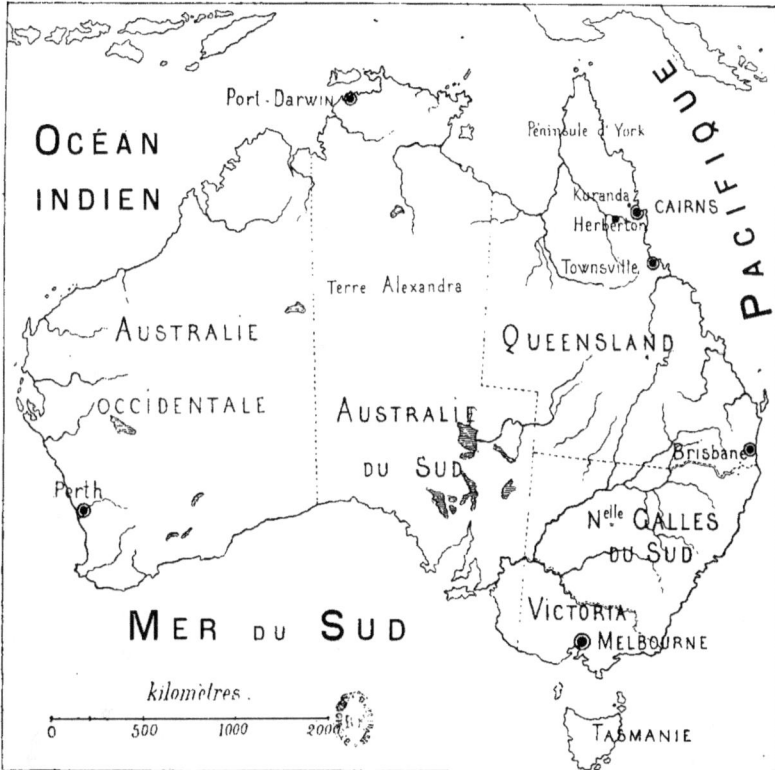

On voit, par la situation des localités citées dans les pages qui suivent, que seules, les régions côtières de l'est et du nord-est de l'Australie ont été explorées au point de vue entomologique.

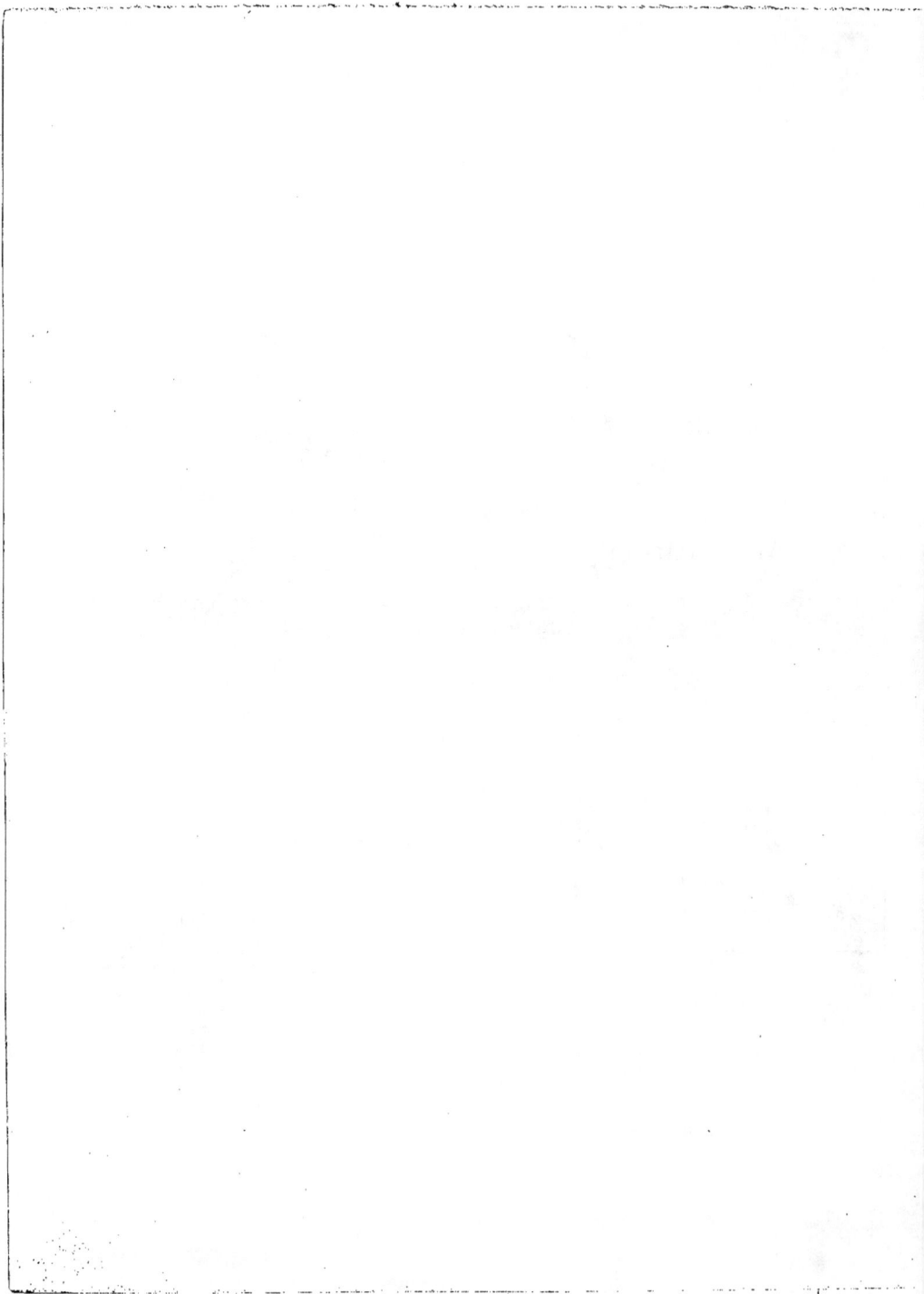

CONTRIBUTIONS A L'ÉTUDE

des

Grands Lépidoptères d'Australie

INTRODUCTION

Au cours de ma vie, il m'est parfois arrivé d'entendre le récit d'événements historiques très intéressants, rapporté par des personnes qui avaient figuré comme acteurs dans ces drames et qui rendaient oralement compte de certaines circonstances jusque-là restées généralement inconnues. Maintenant que le narrateur a quitté ce monde, sans laisser aucun écrit capable de fixer les survivants sur une documentation qu'il eût été cependant très utile de conserver, on ne peut qu'exprimer de stériles regrets.

De même, certains voyageurs ont raconté devant moi les merveilles dont ils avaient été témoins ; ainsi Constant Bar, qui avait longtemps vécu à la Guyane française, m'a souvent fait part, dans ses conversations toujours si attrayantes et si instructives, des observations entomologiques qu'il s'était trouvé à même d'enregistrer, mais que, par négligence d'écrire, il avait simplement conservées dans sa mémoire. Faute de les avoir relatées en temps opportun et d'une façon durable, ces observations scientifiques sont maintenant perdues, aussi bien que certains souvenirs historiques désormais ensevelis pour toujours dans le silence du tombeau.

Monseigneur Félix Biet, vicaire apostolique du Thibet, tandis qu'il était mon hôte, m'a narré, lui aussi, bien des faits extraordinaires concernant les hommes et les choses du lointain pays qu'il avait évangélisé pendant plus d'un quart de siècle. La mort l'a enlevé à son tour ; dès lors tous les renseignements si variés que sa mémoire conservait fidèlement, ont disparu pour toujours, puisqu'aucune main n'a pris soin d'assurer, au moyen d'un écrit, lorsqu'il en était temps, les souvenirs dont la perte est devenue irréparable.

Moi-même, faute d'avoir su apprécier, lorsque j'étais plus jeune, l'importance des renseignements concernant le temps passé, je regretterai toujours de n'avoir pas insisté jadis près de mes amis Boisduval, Guenée, Emmanuel Martin, Fallou, Depuiset et de quelques autres encore, pour obtenir de leur obligeance des notes que j'aurais pu coordonner à loisir; elles seraient demeurées comme une mine bien précieuse de renseignements concernant l'époque de renaissance entomologique qui commença après les guerres de l'Empire et se poursuivit magnifiquement en France, sous le Gouvernement de la Restauration et jusqu'à la fin du règne du roi Louis-Philippe.

Combien il serait aujourd'hui intéressant pour nous de posséder d'amples documents relativement aux savants qui nous ont précédés dans la vie et qui, par leurs travaux, leurs voyages, leurs collections, leur notoriété, ont droit à l'estime et à la considération de leurs successeurs. Je citerai parmi les noms les plus dignes de rester dans notre mémoire, ceux des Entomologistes suivants que Boisduval notamment a connus et sur lesquels il racontait, à l'occasion, de si intéressantes anecdotes: Audinet-Serville, l'un des rédacteurs de la partie entomologique, dans l'*Encyclopédie méthodique*; le Docteur Audouin, bibliothécaire de l'Institut, professeur d'Entomologie au Muséum de Paris; Henri Auguste, directeur du Dépôt de mendicité de Bordeaux, et Théodore Roger, membre de la célèbre maison Marie Brizard et Roger, de la même ville, tous les deux possesseurs de collections importantes pour l'époque où elles ont été formées; la collection de Roger figure encore au Musée d'Histoire naturelle de Bordeaux; Godart, l'ancien proviseur du Lycée de Bonn; Duponchel, continuateur de l'*Histoire naturelle des Lépidoptères de France*, commencée par Godart; Dumont d'Urville, le grand navigateur; le Docteur Pierre Rambur, explorateur de la Corse et de l'Andalousie; Alexandre Lefebvre, voyageur en Egypte, en Nubie, en Sicile; le pâtissier Daube, excellent chasseur à Montpellier, compatriote de Magnol, de Chabrier, d'Adrien Devilliers, de Marcel de Serres; les lyonnais Paul Merk, Hugues Donzel et Chardiny, celui-ci trésorier de la ville de Lyon; le comte Adolphe de Saporta et Boyer de Fonscolombe, à Aix; J.-F. Rippert, à Beaugency; le Lieutenant-Général Dejean, Pair de France; les voyageurs Théodore Lacordaire, Charles Dessalines d'Orbigny, Veuve Sallé et son fils, Goudot, Dumolin, Gay, Lebas, Leprieur, Lorquin; le général Feisthamel, qui avait longtemps commandé la garde municipale à Paris; le dessinateur d'histoire naturelle Guérin, à Paris; le Directeur des Postes de Digne, Honnorat; le capitaine Leautier, à Marseille; le comte Le Peletier de Saint-Fargeau, à Saint-Germain-en-Laye; Marchand et le capitaine François de Villiers, à Chartres; le Docteur

Marloy, qui avait servi pendant l'expédition de Morée et s'était retiré à Auriol ; Meisson-nier, à Hyères ; le littérateur au talent si fin et si délicat, Charles Nodier, bibliothécaire de l'Arsenal, membre de l'Institut et Entomologiste ; Rémond-Alexandre-Désiré Pierret, qui possédait à Paris une si belle collection de papillons d'Europe et qui a laissé un journal malheureusement non publié de ses chasses très fructueuses aux environs de Paris ; le payeur général Romand, etc., etc.

Maintenant les jeunes Entomologistes prononcent à peine les noms de tous ces précurseurs ; si parfois cependant on vient à en parler, c'est, relativement à tous ces savants du XIXe siècle, comme lorsque nous parlions jadis de ceux qui ont vécu entre l'époque de Linné et celle de la Révolution. A peine se doute-t-on que des naturalistes que j'ai connus et qui furent mes amis, avaient eux-mêmes entretenu des relations, souvent très fréquentes, avec ces anciens qu'animait une si belle ardeur scientifique. Par-dessus tout, ils étaient explorateurs, chasseurs, observateurs de la Nature, aimant à vivre dehors, quelquefois excellents marcheurs et accomplissant de véritables tours de force au point de vue des longues excursions qu'ils accomplissaient dans un temps relativement court ; certains, après avoir travaillé toute la semaine à leur état, partaient de Paris, le samedi soir, et y rentraient à l'aube, le lundi matin. Mon ami Jules Fallou m'a souvent raconté les courses qu'il faisait pour inspecter les réver-bères et capturer, la nuit, dans la banlieue de l'ancien Paris, une foule d'Espèces de papillons qui, depuis longtemps, ne se rencontrent plus dans les parages d'Auteuil, de Passy, du Bois de Boulogne, localités entomologiques excellentes, il y a quatre-vingts ans.

Ce qui est perdu, faute d'avoir été conservé en temps utile, est désormais irrécou-vrable. Mais gardons au moins tout ce qui peut être sauvé.

Animé par le désir de ne pas laisser dans l'oubli les documents dont je dispose, profitant d'ailleurs de l'excellent concours si obligeant et si dévoué de M. le Professeur Houlbert, de l'Université de Rennes, je me fais un devoir de publier, sans plus attendre, les notes très intéressantes dont je suis redevable à M. Dodd, de Kuranda, en Australie.

On a rarement rencontré un chasseur aussi habile et un observateur aussi avisé que M. Dodd. Du reste, il agit dans une contrée d'une exceptionnelle richesse ento-mologique. Il m'a envoyé des notices accompagnées de photographies sur les pays qu'il explore et sur les insectes qu'il y a récoltés.

Je regretterais donc de terminer ma carrière avant d'avoir mis les Entomologistes contemporains et ceux que susciteront les temps futurs, à même de profiter des rensei-gnements très brefs, mais très instructifs que m'a transmis M. Dodd.

2

Sans doute les notes qui sont reproduites dans le présent fascicule, tant en anglais qu'avec la traduction française, œuvre de M. le Professeur Houlbert, représentent une bien faible part de tout ce que M. Dodd pourrait nous apprendre sur la faune entomologique si curieuse du Queensland, dans l'Australie septentrionale ; mais la réalisation immédiate du plus petit avantage ne vaut-elle pas mieux que l'atermoiement indéfini, dans l'espérance, souvent illusoire, d'un plus grand bien ?

Dès lors, tandis que nous ne cessons point d'être attristés et angoissés par l'effroyable guerre que les Barbares ont déchaînée, il y a déjà dix mois révolus, étant d'ailleurs toujours pleins d'espoir dans un meilleur avenir, nous cherchons la patience dans l'accomplissement d'un devoir scientifique qui a pour objet l'étude si apaisante et si consolante de la Nature.

Pourtant, autour de nous, les deuils les plus douloureux se multiplient ; nous assistons, au XX⁰ siècle, à l'emploi par les Teutons des procédés de guerre abominables et qui révoltent la conscience des Nations civilisées. Mais nous avons la confiance que le courage indomptable des soldats alliés réduira, pour le présent et pour l'avenir, nos cruels ennemis, massacreurs de femmes et d'enfants, incendiaires et pillards, à l'impuissance de continuer leurs forfaits.

Dès lors nos successeurs, délivrés du cauchemar qui nous obsède depuis de si longues années, pourront, sans crainte des bombardements et des assassinats, former des collections qu'ils estimeront durables et continuer, dans la sérénité d'une paix que ne troubleront plus de scélérates entreprises, les études d'histoire naturelle dont tant d'efforts, depuis près de deux siècles, ont singulièrement élargi l'horizon.

C'est l'Entomologie qui valut au général Dejean tant de réconfort et de sérénité au milieu des guerres, dans les troubles politiques dont il fut victime et finalement au déclin de l'âge et jusqu'au moment où sa destinée terrestre fut accomplie.

L'Entomologie est une Science aimable ; elle calme les souffrances, apaise les angoisses et, comme l'a dit Guenée, n'eût-elle pas d'autres titres que ceux-là, à la reconnaissance des hommes, elle mérite, en tous les temps, d'être respectée et bénie.

Rennes, 31 mai 1915.

Charles OBERTHÜR.

I. — Noise-producing Lepidoptera.

I *bis*. — Lépidoptères producteurs de bruits.

F. P. DODD

I. — Noise-producing Lepidoptera

Par F. P. Dodd.

When having pupae of certain Lycænidæ in my possession, I observed that those which were ant- associating species usually gave out various sounds, especially those of the genera *Arhopala, Ogyris, Miletus, Hypolycæna* and *Pseudodipsas*. All these, in their larval and pupal stages, are attended by ants almost continuously, but *Nacadubas* and others which are not attended so closely, and do not seem to pupate in or near ants nests, do not emit sounds, nor does *Liphyra brassolis*. The large caterpillars have the power also when bunched up for moulting, but seem to lose it after, and again when undergoing pupation — even in their soft state preceding it and immediately after.

I cannot give any information as to how these sounds are made. When in the mood for producing same there is no way of stopping them, pupae may be held by the head, middle, or tail, or by head and tail, still they are not quietened. The sounds are usually in the nature of ticking musical buzzing, or humming, and are quite pleasing. Some of the noises have a metallic ring, and the humming reminds one of that of telephone and telegraph wires.

About 11 years ago, at Townsville, I had some 20 pupae of *Arhopala eupolis* enclosed in a cardboard box; at that time Dr A. J. Turner (F. E. S.) of Brisbane, was in the district, and called upon me, and I was able to bring these under his notice, the ticking could be heard from any part of an ordinary sized room. Upon another occasion I sent several of the insects to Mr. A. J. Keishaw (F. E. S.) of the Melbourne Museum (1,800 miles away), who received them alive, and heard and remarked upon the sounds emanating from them.

The *Arhopalas* and the large *Ogyris genoveva* can easily be seen to move when sound producing, a slight upward jerk is given producing the « tick », followed by a slight vibration for the other sounds, but, as already stated, by holding them so as to prevent any movement, still the sounds are made; when they are quieter than usual, a shake of the box, or a light stroke or two with a camel's hair brush, will set them going, a perfect outburst of harmony resulting.

When pupae die they are abandoned by the ants, and, when collecting them, I always knew when one was dead through the absence of those insects, so doubtless the pupal movements and sounds are necessary as signals to keep the ants in attendance. I never found that a dead pupa was interfered with, even one broken through by emerged parasites; with the ants so much in attendance upon the larvae and pupae, yet a large proportion are victimised by ichneumons, mostly *Braconidæ*.

Years ago, also at Townsville, I had a number of pupae of a large Geometrid (*Monoctenia* Sp. ?) which gave out rolling and muffled machinery-like sounds, but not of the pleasing musical nature of those of the *Lycænidæ*.

Of many moth chrysalids which make some kind of noise in their cocoons, by far the most extraordinary one I ever heard is that of *Gadirtha inexacta* Walk. (1), a moth and two pupal shells of which are sent. The larvae spins a thin but taut cocoon, usually on a dry leaf, and, when molested, the chrysalid can give out a really startling rattling, so loud that it can he heard for a considerable distance; the first I heard was one a boy of mine was bringing home to me, as he approched and was still some 30 yards away, I supposed he held a cicada, which was complaining of the treatment it was receiving. Later I had other pupae and bred out some of the moths. It will be seen that the pupa has an unusual abdomen, the segments being much separated and knobby, these can be moved strongly and rapidly, and striking the leaf and sides of the cocoon, the loud noise is made. The cocoon is easily torn at the head, where it is somewhat thinner than elsewhere, and the pupa, viewed through the break, much resembles one of the brown *Locustidæ* common in folded leaves and which spin a thin web over the outlet. So a pupa, being exposed, may be taken for one of those savage insects, and, by rattling and jerking about a little, help to drive off inquisitive intruders. When touched or lightly shaken it has the habit of giving out a short and sharp rattle, sharp enough, I fancy, to alarm and put to flight various meddlers.

Of several *Sphingidæ* and some small *Noctuid* moths which produce sounds none can approach the whistling powers of a blackish *Agarista* with yellow band, about 50 mm. in expanse, found in South Queensland. The moth, the name of which I cannot procure, flies high and in a zigzag manner giving out a loud hissing kind of stridulation not unlike that of some of the Locustidæ, and which, on a calm day, can be heard 60 or 70 yards away. On hot overcast days I have captured ♂'s resting head downward on tree-trunks, and have at times taken the ♀ rising from the ground, but she does not appear to soar aloft or to give out the whistle. The extraordinarily ribbed nature of the wings of this moth will account for its whistling powers, the zigzagged and long sustained flight seem necessary to bring out the full volume of sound, which does not continue evenly, but rises and falls as the insect turns in its flight. *Hecatesia fenestrata* has been observed flying over a resting ♀ and giving out a shrill whistling at the same time, but the moth has not come under my notice.

The only noise-producing larva I have met with is that of *Coscinocera hercules* (Miskin). When irritated it strikes round with its forepart and gives out a crackling sound, somewhat comparable to a piece of crisp paper being several times sharply pressed. As the *Attacus Dohertyi* I bred out in N. W. Australia makes no noise it would be interesting to know whether the peculiarity exhibited by *C. hercules* has been noticed in any of the other large *Saturnidæ*. *Chœrocampa erotus* and *Antherœa simplex* larvae, and others, when molested spit out a quantity of green liquid, accompanied by a slight bubbling sound, but they can scarcely be regarded as noise producers.

F. P. DODD. F. E. S.

Kuranda, 14 : III : 13.

---

(1) Dʳ A. J. TURNER tells me that the name of the noctuid the pupa of which makes the loud rattling noise in the cocoon, is *Gadirtha inexta* Wlk., that it ranges to India and China, Kuranda being the most southern locality recorded for the species (F. P. DODD, *in litteris*, 8 mai 1913).

I *bis*. — Lépidoptères producteurs de bruits

Par F. P. Dodd.

Lorsque j'avais des chrysalides de certains Lycænidæ en ma possession, j'ai remarqué que les espèces, qui vivent en commensalisme avec les fourmis, produisent généralement des sons variés, principalement celles appartenant aux genres *Arhopala, Ogyris, Melitus, Hypolycæna* et *Pseudodipsas*. Toutes ces espèces, dans leurs stades successifs de larves et de chrysalides, sont soignées presque sans interruption par les fourmis; au contraire, celles des genres *Nacadubas* et autres, dont les larves ne sont pas si étroitement assistées, et qui ne paraissent pas se chrysalider dans — ou près des nids des fourmis — n'émettent pas de sons, pas plus d'ailleurs que *Liphyra brassolis*. Les grandes chenilles ont aussi ce pouvoir lorsqu'elles se préparent à subir leurs mues, mais elles paraissent le perdre dans la suite, surtout au moment où elles se transforment en chrysalides, et même dans leurs états de mollesse qui précèdent ou suivent immédiatement ce stade.

Je ne puis donner aucune indication sur la manière dont les sons sont produits; lorsqu'elles sont en humeur de les émettre, il n'y a pas moyen de les arrêter; on a beau tenir les pupes par la tête, par le milieu du corps ou par la queue, et même à la fois par la tête et par la queue, on ne parvient pas à les faire rester tranquilles. Les sons ressemblent généralement à des vibrations bourdonnantes ou à des roulements musicaux tout à fait agréables; quelques bruits ont un timbre métallique et le bourdonnement (*humming*) rappelle assez bien celui des sifflements du vent dans les fils télégraphiques.

Il y a quelque 11 ans, je possédais environ 20 chrysalides d'*Arhopala eupolis* renfermées dans une boîte en carton. A cette époque, le Dr A. J. Turner (F. E. S.) de Brisbane était dans le district; il me fit une visite et j'ai pu appeler son attention sur ces bruits que l'on pouvait entendre de toutes les parties d'une salle de dimensions ordinaires. Dans une autre occasion, j'avais envoyé quelques insectes à M. A. J. Keishaw (F. E. S.), du Muséum de Melbourne (la distance est de 1,800 milles); il les reçut bien vivants et put entendre les sons qu'ils produisaient.

Chez les *Arhopala* et chez le grand *Ogyris genoveva*, on peut aisément voir les mouvements du corps, quand les sons se produisent: une légère saccade vers le dessus produit le « tick », pour les autres sons, ce mouvement est accompagné de vibrations légères; mais, comme il a déjà été dit, lorsqu'on tient l'insecte, dans le but d'empêcher ses mouvements, les sons se produisent malgré tout; si les insectes sont plus tranquilles que de coutume, un petit choc sur la boîte ou le frottement léger d'une brosse en poil de chameau suffisent à les mettre en mouvement et alors c'est un « chœur parfait » de sons. Quand les chrysalides meurent, les fourmis les abandonnent, de sorte que, lorsqu'on les récolte, il est toujours facile de reconnaître celles qui ont passé de vie à trépas par l'absence de ces insectes; il est probable que les mouvements et les bruits des pupes sont de véritables signaux destinés à maintenir l'assiduité des fourmis. Je n'ai jamais observé qu'une chrysalide morte fût dérangée, même celles qui étaient percées de part en part par les trous d'émergence des parasites; malgré les soins assidus des fourmis, il y en a toujours un grand nombre de parasitées par des ichneumons, principalement par des *Braconidæ*.

L'année dernière, également à Townsville, j'ai obtenu un certain nombre de pupes d'une grande Géométride (*Monoctenia* Sp. ?) qui donnaient des sons roulants analogues à ceux d'une machinerie assourdie, mais beaucoup moins agréables que ceux des *Lycænidæ*.

Parmi les nombreuses espèces dont les chrysalides produisent des bruits à l'intérieur de leurs cocons, les plus extraordinaires que j'aie jamais entendus sont ceux qui sont émis par le *Gadirtha inexacta* Walk (1), dont je vous expédie un adulte et deux dépouilles nymphales. La larve file un cocon mince mais rigide, généralement sur une feuille sèche; lorsqu'elle est inquiétée, la chrysalide peut produire un bruit réellement saisissant et si fort qu'on peut l'entendre à une distance considérable. La première fois que je l'ai entendu, c'était un jour que l'un de mes enfants me rapportait une pupe à la maison; comme il approchait et bien qu'il fût encore à une distance de 30 yards, je crus qu'il apportait une cigale, se plaignant du traitement qu'elle recevait. Plus tard j'eus une autre pupe et je pus élever quelques papillons. On remarquera que la chrysalide possède un abdomen de forme insolite; les segments, très écartés et très bosselés, peuvent être fortement et rapidement mis en mouvement; ils battent ainsi la feuille de support et les parois du cocon, ce qui produit le fort bruit que nous avons signalé. Le cocon se déchire facilement du côté antérieur, où il est un peu plus mince qu'ailleurs; la chrysalide peut alors être aperçue, grâce à la brisure; elle ressemble beaucoup à une *Locustide* brune, commune dans les feuilles pliées et qui file une mince toile au-dessus de son orifice de sortie. S'il est vrai qu'une pupe, ainsi dévoilée, peut être prise pour un des terribles insectes dont il vient d'être question, elle peut aussi, par les secousses et par les bruits qu'elle produit, éloigner, dans une certaine mesure, les importuns trop curieux.

Parmi les bruits que produisent quelques *Sphingidæ* et un certain nombre de petites Noctuelles, aucun ne peut être comparé au pouvoir sifflant d'un *Agarista* noirâtre, orné de bandes jaunes, d'environ 50 millimètres d'envergure, qui a été trouvé dans la partie méridionale du Queensland. Ce papillon, dont je n'ai pu me procurer le nom, vole très haut et en zig-zag; il produit, pendant son vol, un sifflement très perçant, une sorte de stridulation, assez semblable à celle de certains Locustides qui, dans les jours calmes, peut être entendue jusqu'à une distance de 60 à 70 yards (2). Par temps couvert et chaud, j'ai souvent capturé des mâles posés, la tête en bas, sur des troncs d'arbres; quelquefois même, j'ai pris la femelle au moment où elle s'élevait de terre; cette ♀ me parut incapable de planer très haut et de produire le sifflement du mâle.

La structure extraordinairement côtelée des ailes de ce papillon doit être en rapport avec le pouvoir sifflant; de plus, son vol zigzagué et puissamment soutenu semble nécessaire pour produire

---

(1) Renseignement fourni à M. Dodd par le Dr A. J. Turner (voir le texte anglais, p. 14)

(2) Le yard, mesure itinéraire anglaise, vaut 0m914.

le maximum d'intensité du son; ce son d'ailleurs varie, il s'abaisse ou s'élève lorsque l'insecte tourne dans son vol. *Hecatesia fenestrata* a aussi été observé, volant au-dessus d'une ♀ immobile, en produisant un sifflement perçant, mais je n'ai jamais eu l'occasion de le vérifier par moi-même.

La seule larve productrice de sons que j'ai rencontrée est celle de *Coscinocera Hercules* Miskin; lorsque cette larve est irritée, elle agite à droite et à gauche la partie antérieure de son corps en produisant un son crépitant, quelque peu comparable à celui d'un morceau de papier froissé. Comme l'*Attacus Dohertyi* que j'élève en Australie ne produit pas de sons, il serait intéressant de savoir si la particularité présentée par *C. Hercules* a été observée dans quelques-uns des autres grands Saturnidés.

Les larves du *Chærocampa erotus* et d'*Antheræa simplex*, de même que plusieurs autres, expectorent, quand on les excite, une grande quantité d'un liquide vert, dont la sortie est accompagnée d'un léger son bouillonnant; mais ces larves peuvent à peine être considérées comme productrices de sons.

F. P. DODD. F. E. S.

Kuranda, 14 : III : 13.

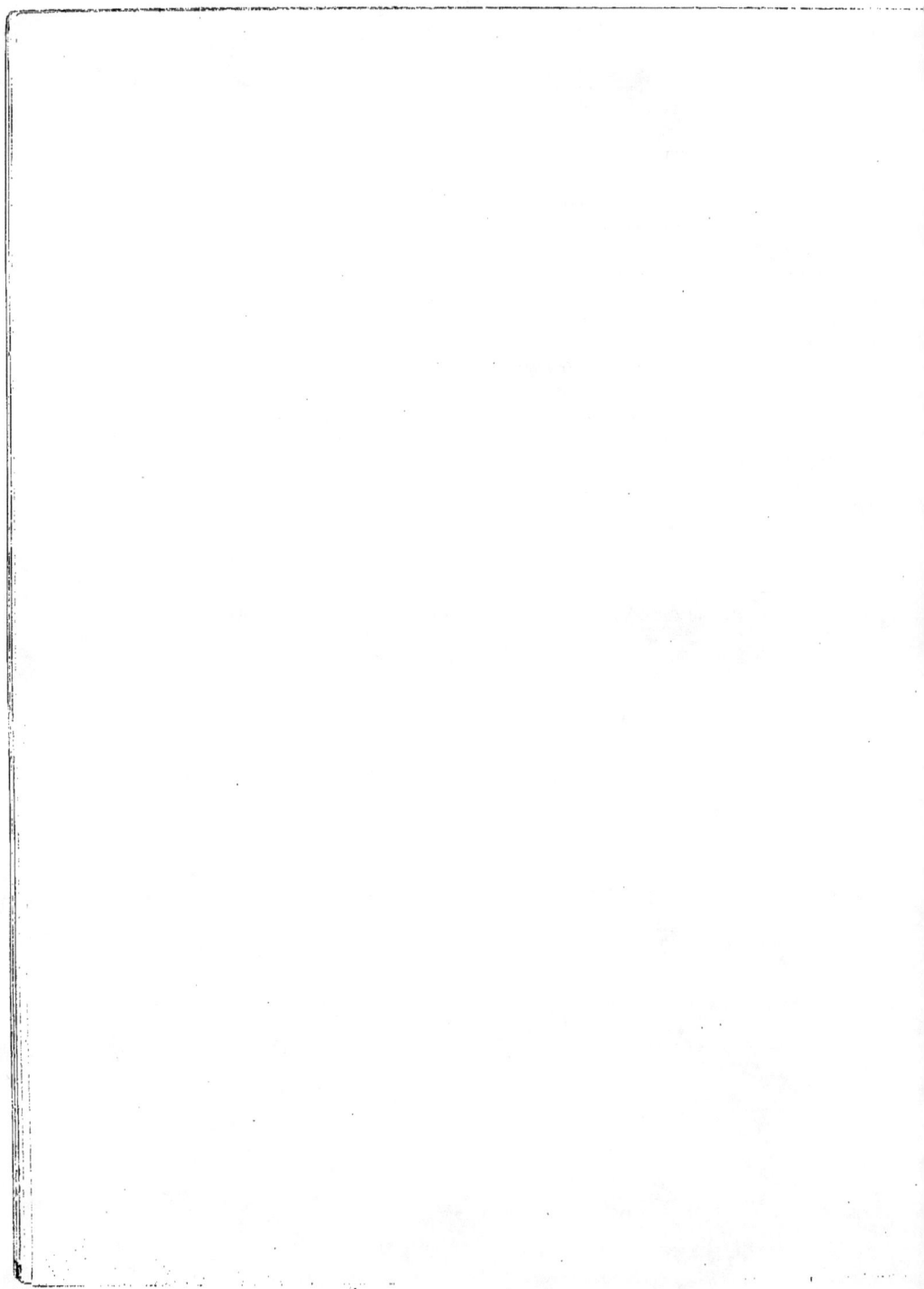

II. — Notes bibliographiques et figuration
de Coscinocera Hercules

Ch. OBERTHÜR

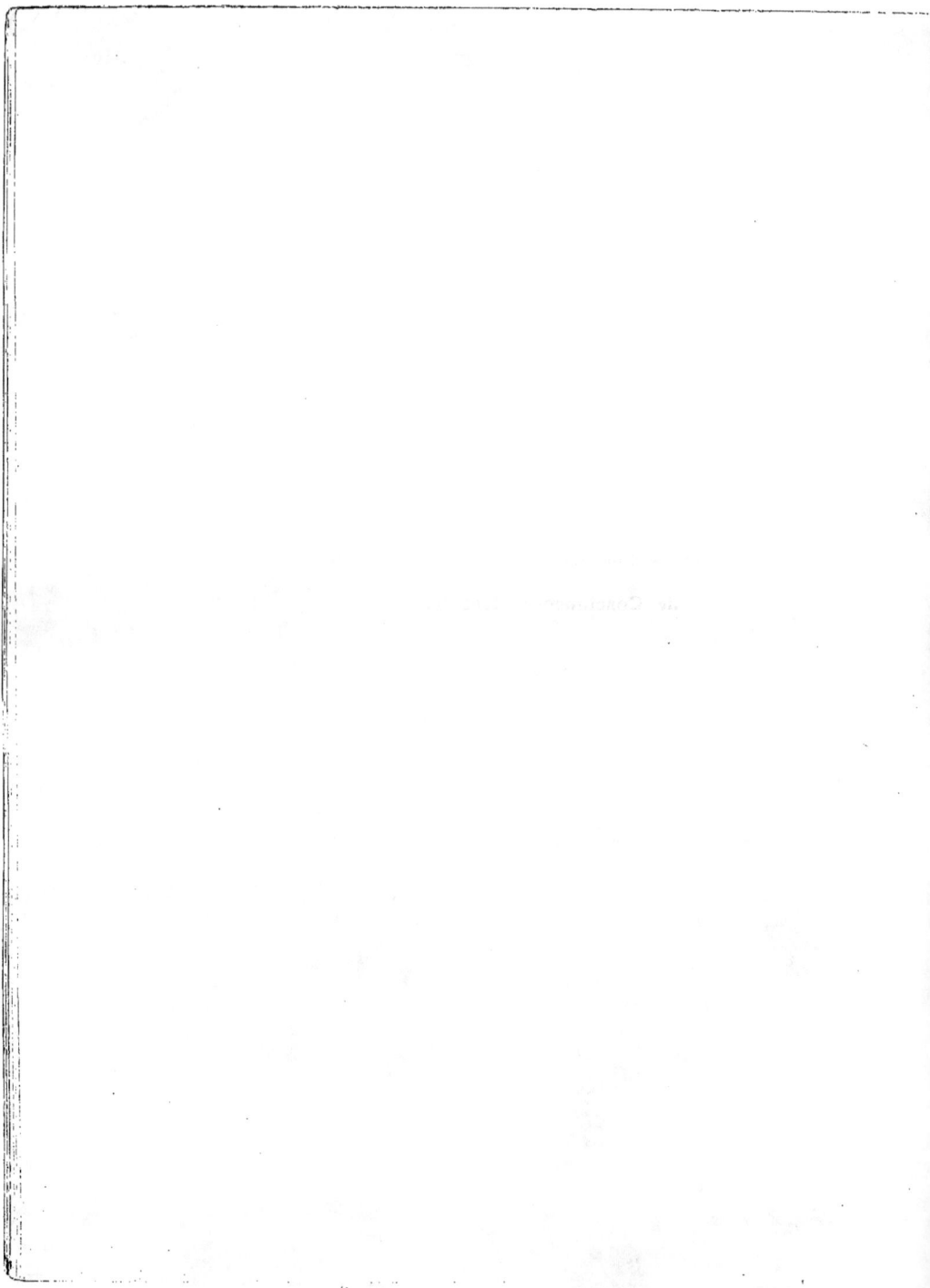

II. — Notes bibliographiques et figuration de Coscinocera Hercules

Par Ch. OBERTHÜR.

(PLANCHES I A V)

Le *Coscinocera Hercules*, de la famille des *Saturniidæ*, a été initialement présenté par Miskin, à la page XXVI des *Proceedings of the entomological Society of London*, for 1875, et dans les termes suivants : « Mr. W. H. Miskin, of Queensland, communicated a description of a new and remarkable species of moth belonging to the genus *Attacus*, of which a male and a

LES PAPILLONS AU SÉCHAGE

FIG. A. — Les grands *Coscinocera Hercules* ♀ et leurs chrysalides, suspendus en plein air, en attendant qu'ils puissent être préparés pour être mis en collections (à 1,7 de grandeur naturelle).

female specimen had been taken in the neighbourhood of Cape York. He had named the species *A. Hercules*. The expanse of the wings measured nine inches, and the hind wings were furnished with tails. The specimens had been deposited in the Queensland Museum. »

Dans *The Transactions of the entomological Society of London*, for the year 1876, aux pages 7, 8 et 9, on peut lire la description de cet *Attacus Hercules*, sous le titre de : « *On a new and remarkable species of Attacus*, by W. H. Miskin. »

A la fin de la description, M. Miskin complète les renseignements précédemment donnés comme suit : « Both specimens are contained in the Collection of the Queensland Museum, and are remarkable fine examples. They are, as far as I can learn, the only individuals that have ever been collected, and were captured at Cape York and presented to the Museum; the ♂ by the late C. D'Oyley Aplin, Esq., and the ♀ by F. Jardine, Esq. ».

Malheureusement, aucune figure ne fut publiée pour permettre aux Entomologistes de se rendre compte exactement de ce qu'est la remarquable nouvelle Espèce, appelée *Attacus Hercules*, par Miskin.

Je crois bien que ce fut dans les *Etudes d'Entomologie* (XIX° livraison, août 1894) que parut, pour la première fois, sous le n° 1 de la Pl. I, la figure du ♂, d'après un exemplaire dont j'étais redevable à W. Doherty. Ce chasseur si habile et si distingué l'avait capturé en 1892, à Ansus, dans l'île de Jobi, en Nouvelle-Guinée septentrionale.

J'ignorais alors que la morphe de *Coscinocera Hercules* diffère, en Nouvelle-Guinée, de la forme initialement décrite et provenant de Cap-York, et qui m'était alors inconnue en nature. Dès lors, avec le nom de *Hercules*, ce n'est point la forme type d'*Hercules* dont j'ai donné la figure. Il semble d'ailleurs que la *Coscinocera Hercules* est assez fertile en races géographiques. Quelques-unes sont maintenant connues, mais il est possible qu'il en reste à découvrir.

Actuellement, d'après les citations que j'ai relevées dans *Novitates Zoologicæ*, la nomenclature concernant les diverses variétés de *Coscinocera Hercules* se présente de la façon suivante :

Coscinocera Hercules, Miskin (*Proc. ent. Soc. London*, 1875; p. XXVI, et *Transact. ent. Soc. London*, 1876; p. 7, 8 et 9).
    Cap-York, Nord-Queensland; Australie.

Var. *Omphale*, Butler (*Proceed. Zoolog. Soc. London*, 1879; p. 164).
    Nouvelle-Irlande.

Var. *Eurystheus*, Roths. (*Novit. Zool.* Vol. V; p. 99, 100).
    Hercules, Ch. Obthr. (*Etud. d'Ent.*, XIX; Pl. I; ♂, fig. 1; p 34 et 35).
    Ansus, Jobi, Nouvelle-Guinée septentrionale.

Var. *Heros*, Roths. (*Novit. Zool.* Vol. VI; p. 70).
    Ile Rossel; archipel Louisiade.

Actuellement, je connais seulement la morphe d'Australie, dont M. Dodd m'a envoyé une certaine quantité de beaux exemplaires des deux sexes et la morphe de Nouvelle-Guinée septentrionale dont j'ai publié une figure excellemment dessinée par Dallongeville.

Le Genre *Coscinocera* a été créé pour la variété *Omphale*, par A. G. Butler, aux dépens du Genre *Attacus*, dans lequel Miskin avait initialement classé l'Espèce *Hercules*.

Dans une note intitulée : *On the Heterocera in the Collection of Lepidoptera from New Ireland obtained by the Rev. G. Brown*, publiée aux pages 160 à 166 du vol. *Proceedings of the Zoological Society of London* for the year 1879, Butler caractérise ainsi le nouveau Genre *Coscinocera :* « Allied to *Argema* and *Attacus;* general pattern and coloration of the latter, but

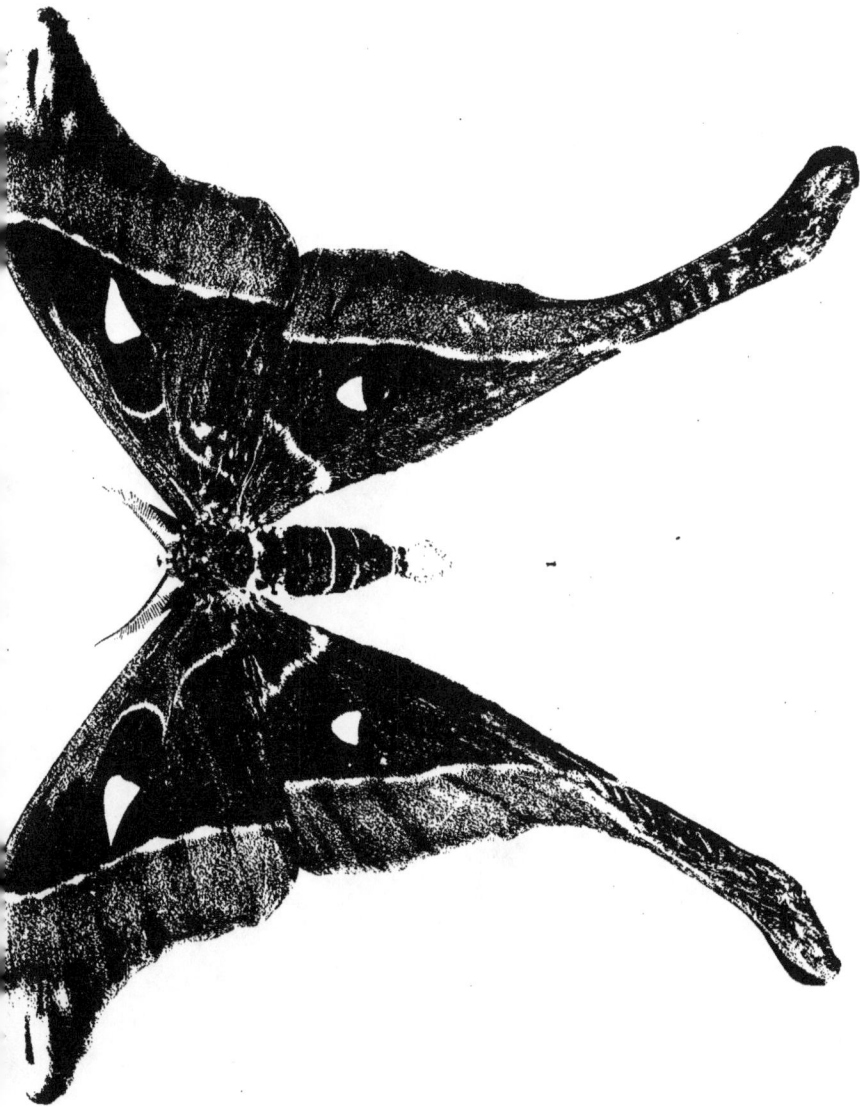

FIG. 1. — *Coscinocera Hercules* ♂. — Grand. nat. — Cette espèce compte parmi les plus grands Saturnides connus.

FIG. 2. — *Coscinocera Hercules*, spécimen ♂ *trantennatum*. — Grandeur naturelle.

4

FIG. 3. — *Coscinocera Hercules* ♀. — Grand. nat. — Cet exemplaire ♀ de *Coscinocera Hercules* est probablement le plus grand de tous ceux qui ont été observés jusqu'à ce jour.

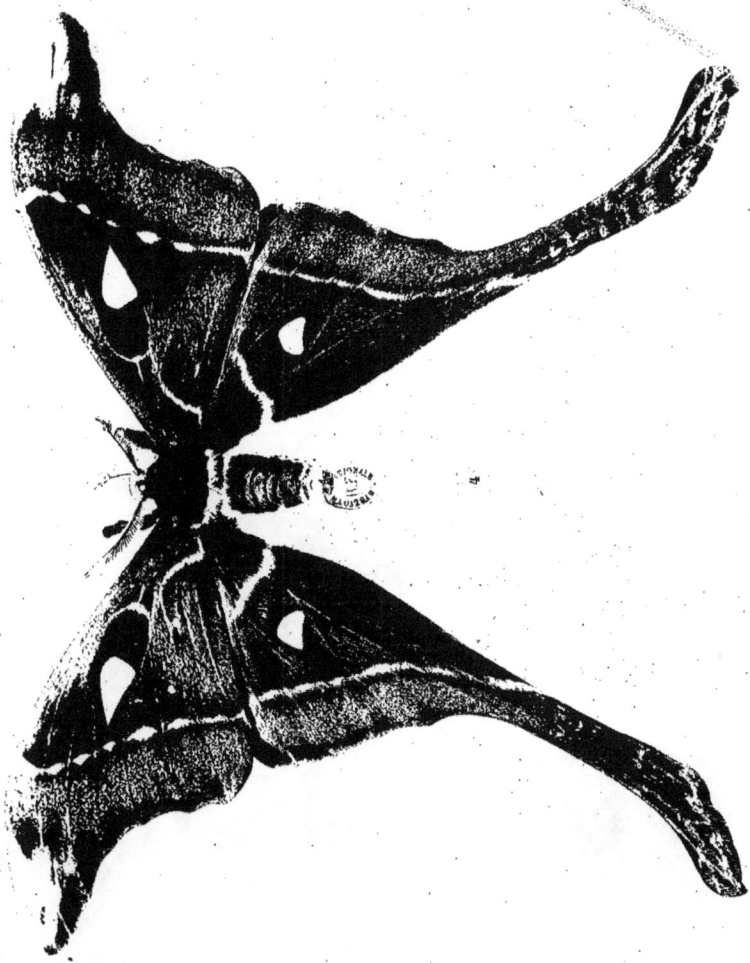

FIG. 4. — *Coscinocera Hercules* ♂. — Grand. nat. — Seconde épreuve photographique du spécimen ♂ *triantennatum*; autre position de la tête.

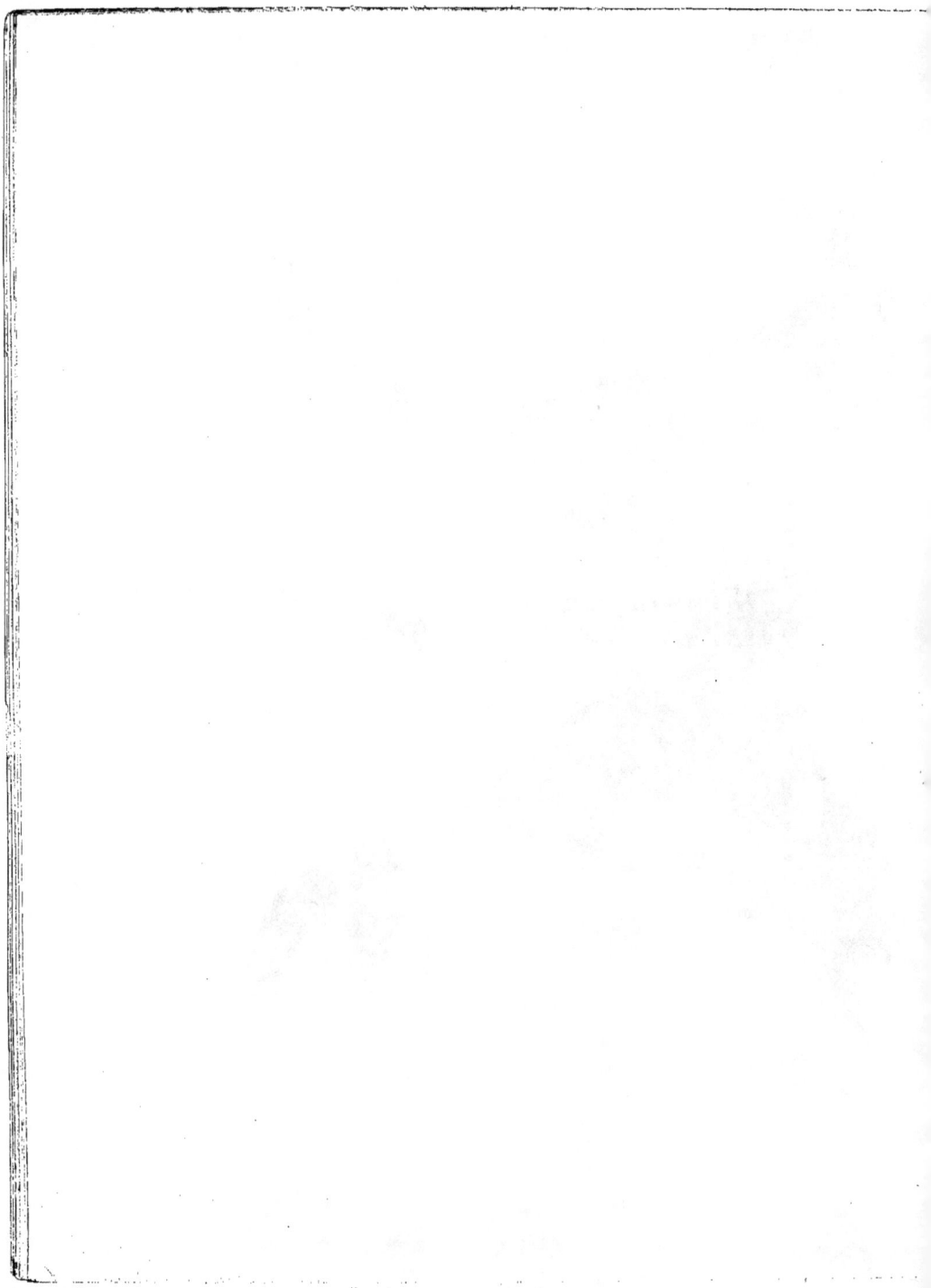

the posterior wings with a long tail, as in the former; differing from both genera in its enormous sieve like-antennae. Type *Attacus Hercules*, Misk. »

Lorsque Butler décrivit *Omphale*, il ne connaissait pas *Hercules* en nature et il est obligé de terminer la description d'*Omphale* par ces mots : « Comparison with the Australian species will probably reveal other differences which are not apparent in Mr. Miskin's description. » Ceci est une nouvelle preuve qu'aucune description sans figure ne peut fournir un renseignement complet.

On lira avec intérêt les observations biologiques rapportées par M. Dodd, relativement à *Coscinocera Hercules*. Les notes de M. Dodd sont accompagnées de photographies qui constituent une illustration très précieuse (Pl. I à V).

M. Dodd a obtenu un spécimen ♂ né avec trois antennes parfaitement développées, au lieu de deux. Les papillons pourvus de membres ou partie de membre supplémentaire se rencontrent très rarement dans la Nature. A cause de cette rareté, les cas de papillons anormaux sont toujours un objet de curiosité. En conséquence, la photographie nous permet de présenter avec autant de vérité que de clarté l'image de la tête sur laquelle sont insérées les trois antennes.

J'ai déjà mentionné dans le *Bulletin de la Société entomologique de France*, 1912, p. 369, ce *Coscinocera Hercules* triantenné, dans les termes suivants : « Ce papillon géant a 3 antennes pectinées, solides et ayant une apparence assez dure. Du côté gauche, il y a une seule antenne normale; du côté droit, il y a deux antennes : la

FIG. 5. - - *Doleschallia Amboinensis*, Stdg. — Grand. nat. Spécimen ♀ *triantennatum*.

première assez régulièrement placée en face de l'autre de gauche, mais un petit peu plus courte; la seconde en arrière de la première, bien développée, mais, elle aussi, un peu plus courte que l'antenne de gauche. La tête paraît élargie pour porter ces deux antennes; elles sont insérées et comme enracinées au milieu d'une sorte d'anneau formé de poils blancs et duveteux. »

Ma collection contient une ♀ *Doleschallia Amboinensis*, Stgr., ayant également 3 antennes. Je crois devoir en offrir la représentation photographique (Fig. 5). Cette ♀ triantennée m'avait été envoyée d'Amboine, par feu J. L. Rey, en 1899.

Rennes, juin 1915.

CH. OBERTHÜR.

Fig. 6. — *Coscinocera Hercules.* Chenilles, grandeur naturelle, élevées à l'air libre par M. F. P. Dodd, en Australie.

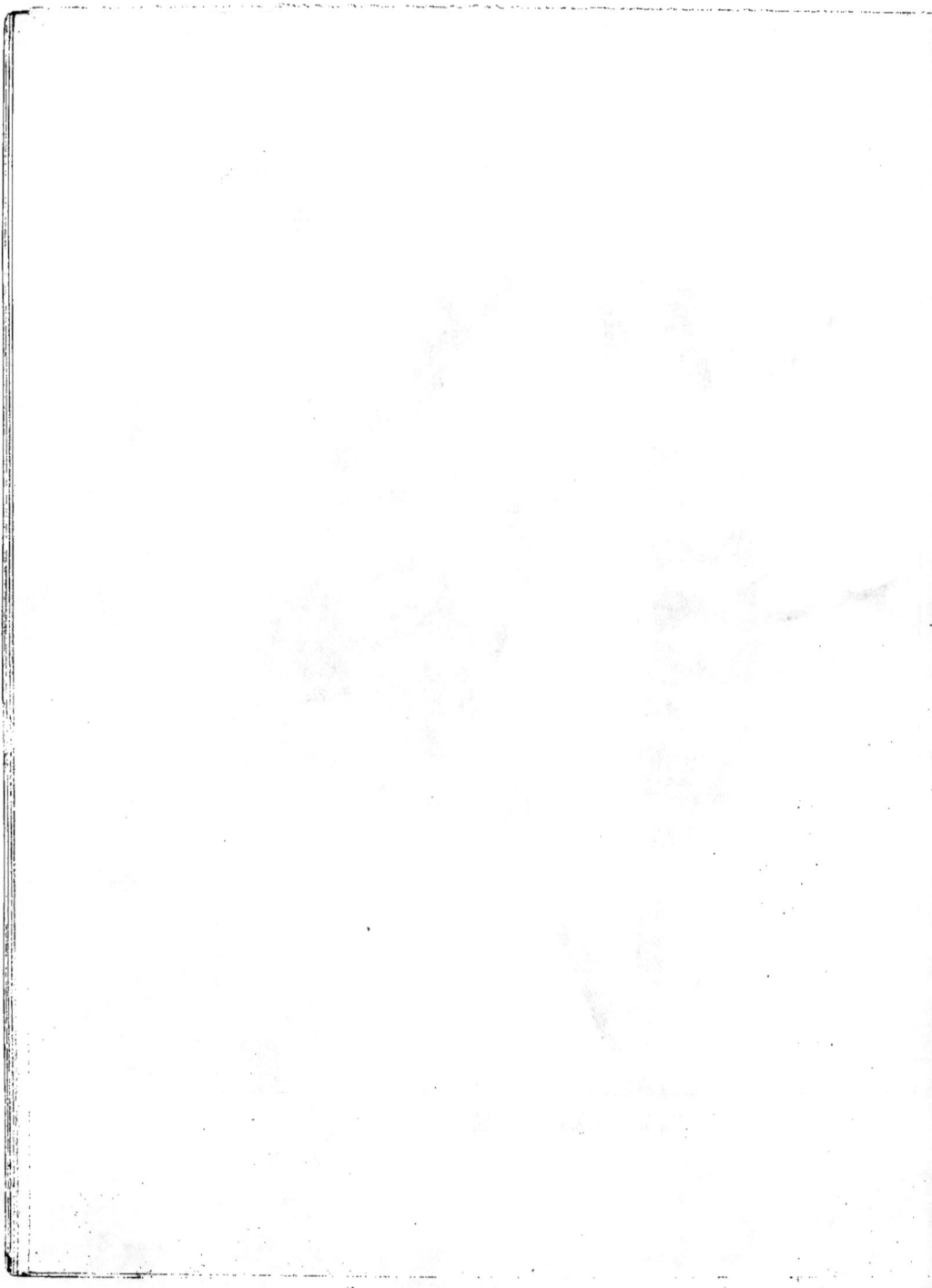

III. — Biological Notes on Coscinocera Hercules Misk.

III *bis.* — **Notes biologiques sur Coscinocera Hercules** Misk.

IV. — Notes on the great Australian Cossidæ.

IV *bis.* — **Notes sur les grands Cossidés d'Australie.**

F. P. DODD

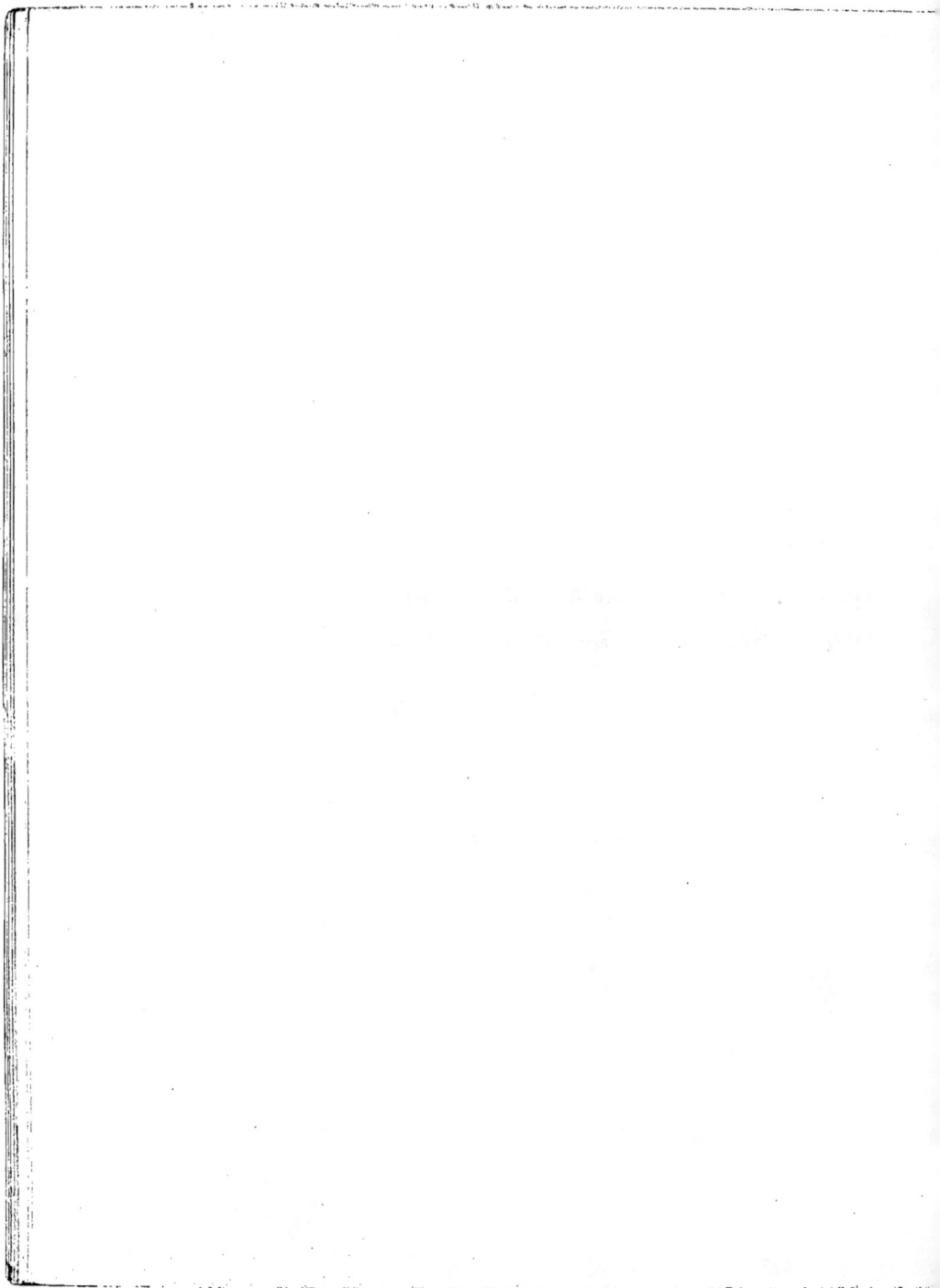

III. — Biological Notes on **Coscinocera Hercules** Miskin

By F. P. Dodd. Kuranda, Queensland.

(Planches VI a IX)

For some years I have been breeding out the moths of this species, once or twice I bred a few from the ova, but as I obtained a greater knowledge of the district and the food plants of the insect, it became easier to get the pupae in the scrubs then to go to all the trouble of rearing them through all their stages. However, on 10th December, a ♀ emerged with crumpled tails, so I decided upon placing her upon a shrub, near a door, upon the chance of a ♂ being attracted. Near the house she was under observation and there was less danger from birds. She was tethered to the shrub by a piece of string passed round the thorax between the wings. (Pl. VI, fig. 7).

1912. December 10. — Moth emerged late at night.

11. — At dusk placed her on the shrub.

12. — No ♂.

13. — No ♂. A few eggs were laid during the day; at 9 p. m. I heard her fluttering.

14. — At 5,30 a. m. found that two ♂s were in attendance, the larger and finer one connected (Pl. VII, fig. 8), the tip of the body of the second being just under the others, one of his legs clasping the body of the ♀ (Pl. VIII, fig. 9). Sent for our local photographer and had several pictures taken; the first ♂ was in perfect condition except for the tails being rubbed and slit. The other ♂ was rather worn. Between 3 and 4 p. m., the ♂ disconnected, so I removed and bottled him, leaving the other as he had been all day, at dusk he was in possession (Pl. IX, fig. 10).

15. — At 8 a. m. had these photographed i. c., we feared we should not succeed, for the day was windy, and small ants were annoying the ♀, causing her to flap her wings and make strenuous efforts to get free from the ♂, however I drove off the ants and she became quiet. At 6,30 p. m. I removed and bottled the ♂, he having been i. c. for 24 hours, he came away easily. I left the ♀, tying a small branch closely in front of her to deposit her eggs upon. During the night I heard her fluttering strongly.

16. — About 90 eggs were deposited, a few on the cords detaining her and fastening the small branch; hitherto she had kept in good condition, but this morning she was much battered; at 10 p. m. I bottled her as I wished her as a specimen to illustrate these notes.

17. — Eviscerated and set her, she still possessing about 140 eggs.

28 and 29. — Larvae emerged, color waxy white, a specimen in spirit is sent. For about a week the young larvae were fed in glass jars.

1913. January 2 & 3. — Moulted.

7, 8 & 9. — Do again. Placed many outside on food plants, taking precautions against ants.

14. — Moulting for the third time, waxy white up to now, but appearing in new skin of pale bluish, with violet tints and a faint whitish powdery-looking coating on the back and sides. Spiracles orange red. Spines yellow with pale blue apices, the 6 spines on terminal segment now disappearing (Pl. V, fig. 6).

20 & 21. — Moulting for the fourth time. Some of the larvae observed to be eating their old skins. They are rather handsomer than formerly, the dorsal blue and ventral green being brighter, the whitish appearance now possessing the ashen blue of cabbage, the spikes are of a lighter yellow and tips paler blue. Extended length 45 to 55 mm.

27, 28, 29. — Moulting for fifth and last time, many larvae, as before, eating their discarded skins. About 3/5ᵗʰ grown now, several a little more. Food plants becoming rather bare now.

30, 31. — Severe cyclone, big branches broken off food plants, several larvae died from effects of the wind and rain (32 inches fell in 48 hours), and others, ailing before, succumbed about this time, having been victimised by diptera, but I have not yet had hymenopterous parasites from either larvae or pupae.

February 7, 8, 9. — There being scarcely any food left, and the caterpillars wandering very much, we placed all but six out on trees in the scrubs. No birds interfered with them, perhaps because they were well grown when removed from the vicinity of the house, but several years ago birds destroyed a large number of a brood which I was rearing.

9. — One larva, kept at home, commenced to spin up.

13. — Brought home 7 cocoons containing pupae, or larvae changing.

15. — Two of the home caterpillars died and two still feeding.

18. — The last of the two spun up.

19. — Brought home 9 more cocoons.

26. — Brought home all the others cocoons we could find, making a total of 29, all seeming to possess living pupae.

Some of the moths may emerge in April, others in the winter, but the greater number may not appear until next wet season — January to April. Last April and May (autumn) we searched for and found about 25 pupae. Some of the moths appeared in July and August, several before the end of the year, 6 or 7 during February, one on 5ᵗʰ March, and I still (8ᵗʰ March) have 9 hanging up.

Several years ago we brought home from Port-Darwin (N. W. Australia) a number of pupae of *Attacus Dohertyi*, not before found in Australia, and since named *A. Dohertyi-Wardi* by Hon. W. Rothschild, from a specimen of mine a Mr. Ward took to B. M. or to Tring, — to distinguish it from the Timor form. Most of these emerged within three months time, some up to 6 months after our return to Kuranda, but the last one duly emerged after remaining in pupa for over 14 months.

F. P. DODD (F. E. S.).

Kuranda, Queensland 8 : III : 13.

III *bis*. — Notes biologiques sur **Coscinocera Hercules** Miskin

Par F. P. DODD.

(PLANCHES VI A IX)

J'ai élevé, depuis quelques années, les papillons de cette espèce; une ou deux fois même, j'en ai obtenu quelques-uns à partir de l'œuf; mais, comme j'ai maintenant acquis une connaissance meilleure du district et des plantes nourricières de l'insecte, il m'est devenu plus facile de trouver les chrysalides dans les broussailles, ce qui m'évite d'en poursuivre l'élevage à travers tous les stades. Toutefois, le 10 décembre, j'obtins, d'éclosion, une ♀ avec ses queues atrophiées; cela m'engagea à la placer sur un arbrisseau près de la porte, dans le but d'attirer des mâles. Ainsi placée, cette ♀ était toujours sous mon observation et il y avait moins de danger des oiseaux; elle était, par ailleurs, attachée à l'arbuste à l'aide d'un fil passé entre ses ailes, autour du thorax Pl. VI, fig. 7).

1912. Décembre 10. — L'éclosion eut lieu tard dans la nuit (1).

11. — A la brune, elle fut placée sur l'arbrisseau.

12. — Pas de ♂.

13. — Pas de ♂. Quelques œufs sont pondus pendant le jour; à 9 heures du soir, j'entends son battement d'ailes.

14. — A 5 h. 30 du matin, il se trouve que 2 ♂♂ ont été attirés; l'un, le plus grand et le plus beau, est accouplé (Pl. VII, fig. 8); quant au second, l'extrémité postérieure de son abdomen est placée exactement sous les autres et, en même temps, l'une de ses pattes est accrochée au corps de la femelle (Pl. VIII, fig. 9). J'envoyai immédiatement chercher notre photographe local qui en a pris plusieurs vues. A l'exception de ses queues, qui étaient frottées et fendues, le premier mâle était en excellent état, l'autre était malheureusement usé. Entre 3 et 4 heures de l'après-midi, le premier ♂ se désunit, alors je l'enlevai et le mis dans un flacon, laissant le deuxième dans la position où il avait été pendant toute la journée; à la nuit tombante, il était en copulation (Pl. IX, fig. 10).

15. — A 8 heures du matin, ce dernier fut lui-même photographié i. c.; nous craignions d'avoir de la peine à réussir, car le jour était très venteux, et des petites fourmis, ennuyant la ♀, l'obligeaient à battre des ailes et à faire de vigoureux efforts pour se dégager du mâle; enfin, je réussis à chasser les fourmis et elle resta immobile. A 6 h. 30 de l'après-midi, j'enlevai le ♂ et le mis dans un flacon; il était resté 24 heures en copulation; il se laissa séparer aisément. J'abandonnai ensuite la ♀ après avoir pris soin d'attacher, en face d'elle, une petite branche pour qu'elle y déposât ses œufs. Pendant la nuit je l'entendis qui battait fortement des ailes.

---

(1) Il s'agit de la ♀ qui fait le sujet de cette observation.

16. — Environ 90 œufs sont pondus; quelques-uns se trouvent sur les cordelettes qui servent à attacher la ♀ et à consolider la petite branche; jusqu'ici l'insecte s'était entretenu dans de bonnes conditions; mais, ce matin, il est très abîmé; à 10 heures du soir, désirant le conserver comme spécimen pour illustrer cette notice, je le mets dans un flacon.

17. — La ♀ est vidée et préparée; elle renferme encore environ 140 œufs.

28 et 29. — Les larves éclosent, elles ont la couleur de la cire blanche; un spécimen est placé dans l'alcool. Pendant une semaine environ les jeunes larves sont nourries dans un bocal en verre.

1913. Janvier 2 et 3. — Mues.

7, 8 et 9. — Nouvelle mue; de nombreuses larves sont mises à part sur des plantes nourricières, en prenant des précautions contre les fourmis.

14. — Mues pour la 3e fois; la coloration blanc de cire est maintenant disparue; une nouvelle peau, d'un bleuâtre pâle relevé de nuances violettes, apparaît, en même temps qu'un aspect poudreux blanchâtre s'étend sur le dos et sur les côtés. Les stigmates sont d'un rouge orange; les épines sont jaunes avec leur pointe d'un bleu pâle; les 6 épines, qui existent sur le segment terminal, sont en voie de disparition (Pl. V, fig. 6).

20 et 21. — Mue pour la 4e fois. On remarque que quelques-unes des larves mangent leurs anciennes dépouilles; elles sont plus élégantes que précédemment; le bleu dorsal et le vert ventral sont plus brillants; l'aspect blanchâtre possède maintenant la coloration bleue cendrée du chou cabus; les épines sont d'un jaune plus clair et leur sommet d'un bleu plus pâle. Au maximum d'extension, la longueur (des larves) varie entre 45 et 55 millimètres.

27, 28 et 29. — Mue pour la 5e et dernière fois; un certain nombre de larves, comme précédemment, mangent leurs exuvies; elles ont maintenant acquis les 3/5 de leur taille environ, quelques-unes un peu plus; les plantes nourricières commencent maintenant à être un peu dégarnies.

1913. Janvier 30, 31. — Un violent cyclone a brisé les grosses branches des plantes nourricières; quelques larves meurent des effets du vent et de la pluie (32 pouces tombèrent dans l'espace de 48 heures); d'autres, déjà souffreteuses, succombèrent aussi à cette époque, ayant été parasitées par des Diptères; mais, d'aucune larve ni d'aucune pupe je n'ai obtenu, jusqu'à présent, des hyménoptères parasites.

Février 7, 8 et 9. — N'ayant plus, près de nous, qu'une nourriture trop rare et les chenilles s'agitant beaucoup, nous les plaçons, à l'exception de six, au dehors, sur les arbres de la brousse. Les oiseaux ne les inquiétèrent pas, peut-être parce qu'elles étaient déjà bien développées lorsqu'on les enleva du voisinage de la maison; mais, quelques années avant, les oiseaux m'en avaient détruit un grand nombre d'une éclosion que j'étais en train d'élever.

9. — L'une des larves conservées à la maison commence à filer.

13. — Apporté à la maison 7 cocons contenant des chrysalides ou des larves en voie de transformation.

15. — Deux larves de la maison meurent; deux autres continuent à se nourrir.

18. — La dernière des deux file.

19. — Apporté à la maison 9 cocons en plus.

26. — Apporté à la maison tous les autres cocons que je puis trouver; j'arrive ainsi au total de 29, et qui, tous, paraissent renfermer une chrysalide vivante.

Quelques-uns des papillons écloront peut-être en avril, quelques autres pendant l'hiver, mais il est possible que le plus grand nombre ne parvienne pas à éclore avant la prochaine saison humide, c'est-à-dire de janvier à avril. Au mois d'avril et en mai dernier (automne), nous cherchions des chrysalides et nous en avons trouvé environ vingt-cinq. Quelques-uns des papillons ont apparu en juillet et août, un certain nombre avant la fin de l'année, 6 ou 7 en février et un le 5 mars. J'en ai actuellement (8 mars) encore 9 en suspens.

Il y a quelques années, nous rapportâmes de Port-Darwin (N. W. de l'Australie) un certain nombre de pupes d'*Attacus Dohertyi*, non encore trouvé jusqu'ici en Australie. Depuis, l'Hon. W. Rothschild a nommé cette espèce *A. Dohertyi-Wardi*, pour la distinguer de la forme de Timor, d'après un de mes exemplaires, que M. Ward apporta au B. M. (British Museum) ou à Tring.

La plupart de ces chrysalides donnèrent leur papillon au bout de trois mois; mais quelques-unes jusqu'à 6 mois après notre retour à Kuranda; la dernière n'émergea même qu'après être restée pendant plus de 14 mois à l'état de pupe.

F. P. DODD (F. E. S.).

Kuranda, Queensland 8 : III : 13.

Fig. 7. — Femelle de *Coscinocera Hercules* Misk. attachée par un fil sur une branche d'arbuste ; deux mâles ont été attirés.

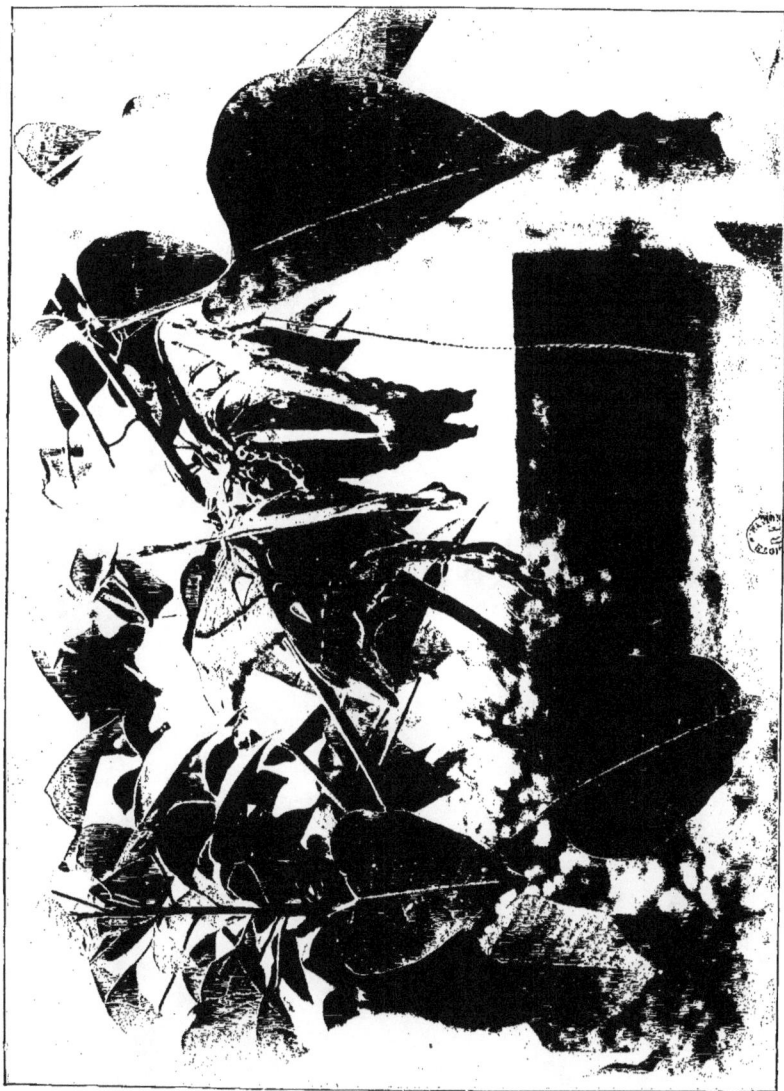

FIG. 8. — Femelle de *Coscinocera Hercules* Misk, accouplée avec l'un des mâles qui sont venus la visiter.

FIG. 9. — Mâle et femelle de *Coscinocera Hercules* Misk. accouplés; on voit, en dessous, l'abdomen du 2ᵉ mâle qui n'a pas réussi à s'accoupler, et quelques œufs collés sur la petite branche.

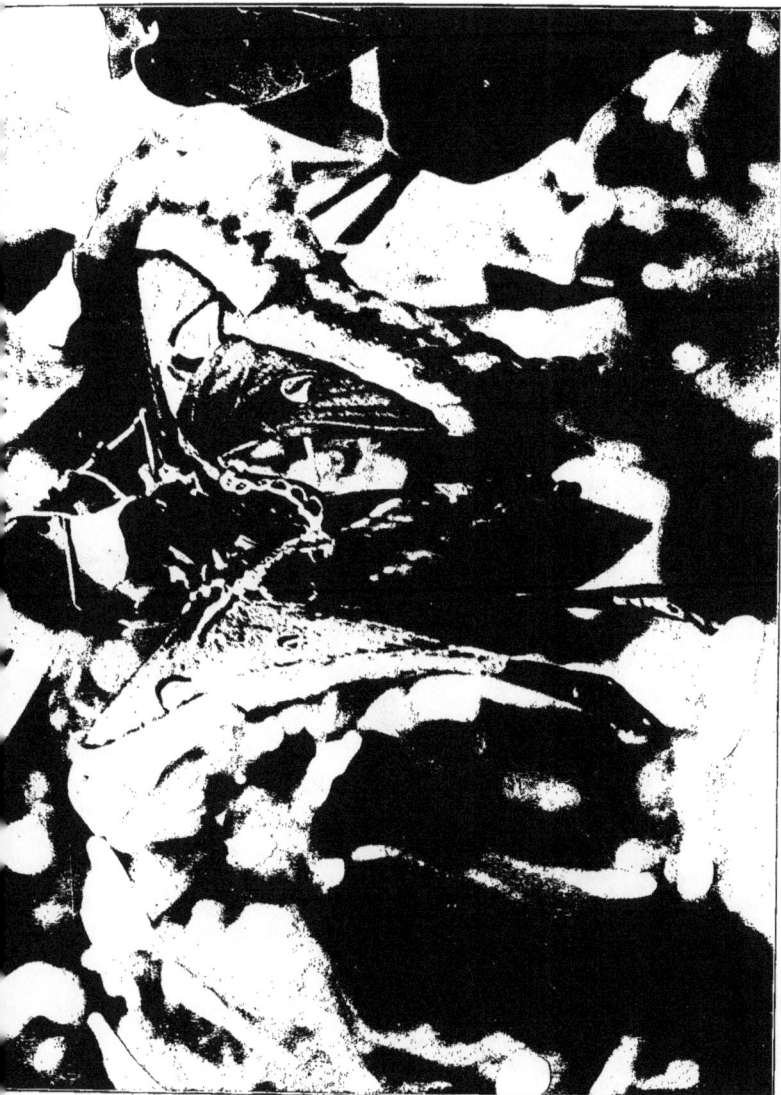

FIG. 10. — L'accouplement de la femelle de *Coskinocera Hercules* Misk. avec le 2ᵉ mâle.

7

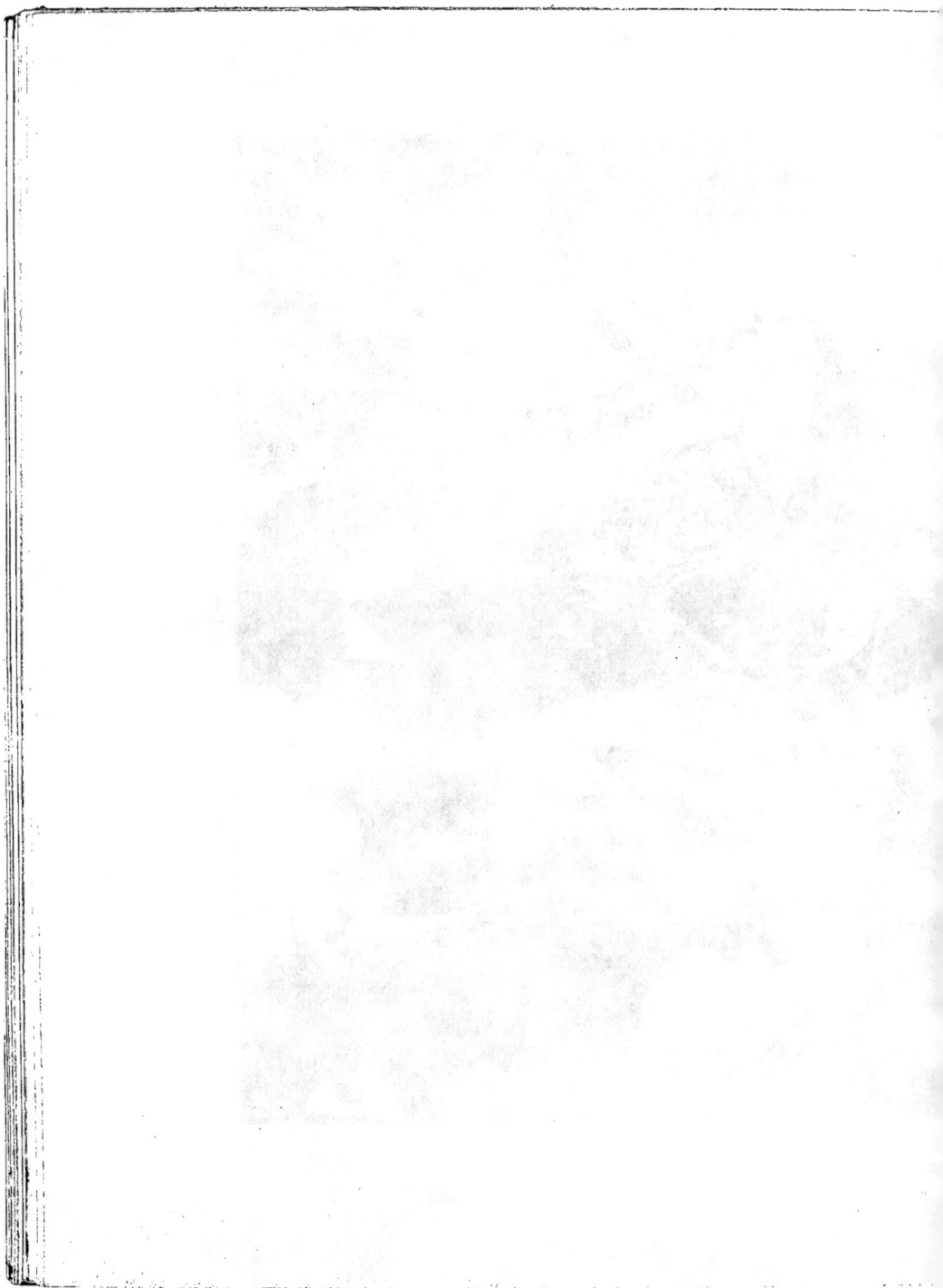

IV. — Notes on the great Australian Cossidæ

By F. P. DODD.

(PLANCHES X A XVI)

For many years I have been breeding these large moths. In some districts, where there are no longer any blacks, the caterpillars have greatly increased in numbers. I understand that *Xyleutes Eucalyptii*, or a closely related species, has become so plentiful in Tasmania that large numbers of Wattle *(acacia)* trees are killed by the caterpillars; as a rule very few trees are killed through the presence of too many larvae, but I have lately come across a species which, breeding year after year in the same trees though there are many others close by untouched, has caused several of the trees and large branches of others to perish.

In the districts of Brisbane (South Queensland) Townsville, Cairns (Pl. A, Carte de l'Australie), Kuranda & Herberton (North Queensland) and Port-Darwin (N. W. Australia), I have altogether bred out about 27 species. Two were under 3 inches in expanse, six between 4 and 5 inches, and the balance from 5 to 9 3/4 inches in expanse. I have not worked at any time more than 50 miles from the coast, so there may yet be many interesting species to discover in the inland portions of Australia, and also in the south-east, south, and west, where I have not been.

The two smaller species are gregarious, one being in the stems of *Loranthus*, the other in the trunks of a *Grevillea*. About 20 examples emerged from the former, and, from the latter, I have had at least 30 of the moths from one tree. All the others, with the exception of a plain grey sp. from Port-Darwin, are solitary in habit, the exception often occurring in small groups of 4 or 5 fairly close together, in the large yellow-flowered *Eucalyptus* there. The Port-Darwin blacks seemed to know absolutely nothing of these large caterpillars, and stared open-mouthed at us as we cut down the trees for them, and were astonished when we told them that « Black-fellow alonga Queensland eatum ». Many Australians have eaten these caterpillars, and all pronounce them to be quite palatable.

The Brisbane district is rich in species, some of which are fairly common. Three species there are unusually large, being over 9 inches across, the common and most widely distributed being *Xyleutes Boisduvali* (Pl. XIX, fig. 8 et 9), which is the largest wood moth I know; though I never set one more than 9 3/4 inches across I had one ♀ which I am sure expanded 10 inches, but being an imperfect specimen I did not kill her. Brisbane district being rich in species of *Eucalyptus*, and no blacks being there now, accounts for the number of *Cossidæ* obtainable there, but I dare say there are other localities quite as productive, perhaps more so.

At Townsville, 900 miles further north, there are still some blacks, but they seem to have become so used to the white man's food that caterpillars, which have to be cut out of tough

timber, no longer have attractions for them. But here, at Kuranda, I have often been disap-
pointed to find that a larva of *X. Boisduvalli*, which perhaps I had located months before, had
been cut out and eaten by some wandering native. These caterpillars in green trees, and large
Coleopterous larvae in rotten trees or logs, are much sought for and esteemed by the blacks
here, which is 200 miles north of Townsville; and at Herberton we several times met bands of
youthful blacks, provided with tomahawks, searching through the bush for these things, principally
the caterpillars, which, as a rule, are roasted a little before being devoured.

Very few collectors have more than a very slight knowledge of these moths and their histo-
ries, therefore when in 1887 or thereabouts an Australian MUNCHAUSEN gave some notes, published
in Linnean Socy N. S. W. Proceedings, containing some extraordinary and ridiculous statements,
they passed muster with the many uninitiated naturalists of that day. Caterpillars were said to
live upwards of 7 years, their bores were said to be of great length, and one caterpillar had
been watched for 7 *years* (so its life must have extended to 10 or 12 years) by a piece of the
tree trunk covering its gallery being sawn out, and removed from time to time during the long
interval that it was under observation! Unfortunately for the interesting story of the narrator it
did not occur to him that enterprising and deadly ichneumons, with 2 inches long ovipositor,
would quickly discover this insect and very soon convert it into a mass of their larvae, nor how
the piece of wood was cut through without the caterpillar being cut too, nor that the piece would
soon shrink and be turned into powder by various boring insects. However that misleading
account gave entomologists the impression that the larvae of *Cossidæ* lived for a great many
years, there being but myself and two or three others in Australia who know that they do not.
I quickly learnt how unwise it was to interfere with a larva's gallery, losing a number of good
examples through exposing their homes, so that mice, and various parasitical and predaceous
insects easily destroyed them in their weakened defence works. I unhesitatingly assert that in
Queensland, and almost certainly elsewhere, not one wood moth takes more than 3 years to pass
through its life cycle, and some of the smaller ones require less time than that. I have particularly studied *X. Boisduvalli* and other large species very closely, and no moth ever failed to
emerge *within the second year after discovery of the larva*, no matter how small. The first sign
one finds of a larva is a little « sawdust » spilt on the ground, or on a projecting piece of bark
under the freshly commenced bore or gallery, or, if *Boisduvalli*, a little pad or curtain of web
and borings is hung over the bore's outlet, the latter being further protected by a tough piece
of parchment-like web flush with the surface of the smooth bark; some of the trees are rough
near the ground, but become clean and smooth higher up. In time the « pad » loosens and
falls off, the larva having bored further in, and strengthened the web over the entrance. This
is less than 1/4 inch in diameter and in the centre a tiny aperture is made through which the
borings and frass are thrust, the web and hole being enlarged in due course, but to no great
extent for the frass is long and narrow in some species, and small in others, the largest pellets
I have seen being but the size of rat dung. At first the bore is only a little way through the
thick bark of the tree — 1/2 or 3/4 inch thick, but, in a few months great progress is made

with the bore, which, after going 1 1/2 or 2 inches abruptly turns upward, and, in a full 12 months after, the small caterpillar, when first found scarcely an inch in length, has grown to over 3 inches long, and a big space has been bitten above and around the discharging hole, which is always kept well backed up with borings etc. and the bore may now be 5 or 6 inches in length; during the next 12 months a larger amount of work is proportionately done, the gallery is continued to 8, 9 or 10 inches (rarely 12) and the caterpillar has grown to the proportions of a 6 or 7 inch long sausage, the bands, at first very dark purple, have now become light purplish pink.

Pupation period approaching, the caterpillar cuts the bark almost through above the discharging hole, and for about the diameter of a florin; this usually dries and breaks away, leaving the hole clear. The discharging aperture is then opened and enlarged, so, soon after pupation, the insect's presence is revealed by these two holes; the cutting out and clearing the second hole is undoubtedly to admit of the escape of water, which would run into the emerging hole during any heavy rain, and it is essential that the pupa be kept free from moisture other than the sap of the tree. After these preliminaries the larva retreats backward, spinning spidery and sticky webs, attaching fragments of wood and bark thereto, across the horizontal portion of its burrow, also smearing the sides with an oily damp-feeling substance which keeps the wood smooth and doubtless prevents it from shrinking or cracking. (These remarks, before and after apply particularly to *X. Boisduvalli* but are applicable to several other large species). The threads cease until the creature has nearly reached the end of the bore, when it spins a close thick, sticky whitish-yellow web about one quarter of an inch in depth; many drops of moisture cling to this for a considerable time. Next to this web is constructed the « plug » or operculum of web and wood scrapings, which is a splendid protection against most enemies. The larva is now closely confined, there being just a little space between it and the « plug ». Some days elapse before pupation takes place — one species in Acacias remains unchanged for weeks, so after closing itself in for the pupal change that moth may not appear for 3 or 4 months. In time the operculum becomes dry, hard and tough, and the web below almost shrivels away, but the web of several species is spongy and retains its greasiness and moisture, coming away with the operculum when that is pushed down. One large species of larva possesses an unusually large quantity of the oily matter and uses it freely in the bore and upon the web below the operculum, the oil has a very strong odor which is perceptible several feet away from the bore; this same species occasionally pupates in the Autumn, the moth then not emerging for 16 to 18 weeks.

The moths usually emerge in about 8 weeks time, the pupa breaking or pushing down the operculum with his headpiece or beak, there being ample room for this to fall away at the bottom in the space below, opposite the lower and smaller hole. All species do not cut out this space several merely cutting a sloping hole direct from the bore. Two species cut far below as well as above the first discharging hole, and make several others at convenient distances, some of the older tunnelling serving for storage of waste material which is packed in very tighthy, but these usually retreat to the upper workings to undergo pupation.

No two species of pupal shells are alike; those from the Wattles (*acacias*) have the color of shellac, others are lighter, or darker, and the rows of dorsal spines or teeth differ in length, shape, numbers, and in manner of disposition, but the main and most readily perceived difference is in the head-piece or beak, which breaks or pushes out the operculum; it may be short and blunt, rather broad, or rather fine and sharp, all different, but constant in each species.

To be at all successful with the moths each tree or branch with a pupa therein must be felled, and the block with its inmate cut off, which is often a piece weighing 70 or 80 lbs, or occasionally more, then these must be carried home and kept under observation. In hot dry periods many pupae cannot force out the operculum, so die in the block, then many have been victimised by ichneumons, or crippled by the shock of cutting and falling of the trees. More than one half of *X. phaeosoma* Turner, which I had at Port-Darwin, died in the wood, and at least one third of *Boisduvali* result in failures.

All species do not work upwards in the tree, several work both ways, and two or three others downward only; all do not construct a regular operculum, *X. liturata* and another spin a broad felt-like ring, meeting (but only slightly closed) in the centre; this is so thick and tough that the pupa must possess great strength to force its way through. *X. eucalyptii* is almost wholly confined to the roots, and often before pupation has to cut a passage through several inches of earth to the surface, this is neatly lined with web and fragments of bitten bark and wood — I have met with one of these tubes 5 or 6 inches in length. I do not remember that this moth ever came out at the base of a tree, always from a root. *Tenebrifer* may came from either, but usually, if not always, where there is no earth over the wood. There are several forms of *X. liturata*, perhaps they will in time be separated into species; one form emerges as early as 10 or 11 am, another as late as 5 or 6 p. m. But the majority of species emerge between 11 a. m. to 3 p. m., and, as a rule, the hotter and drier the day the earlier the emergence.

Some species of caterpillars are pearly white, being yellowish when young, others are richly reddish when young, becoming paler until at maturity they have changed into a dirty pinkish white. *X. Boisduvalli* and its allies are banded with white and dark purple when young, changing with age to white with pale purplish bands.

What is particularly interesting in all these insects is that they possess the power of pupating at any time after having attained little more than one third of their growth if their food supply fails; time after time have I proved this, often having moths only 2 1/2 inches in expanse, whereas, had they been left for their full period, they would have been 6 or 7 inches across. Doubtless this is a provision against extinction, for so many trees are killed by fire and drought, and branches and young trees are killed sometimes by the insects themselves, or are snapped off by violent winds. Larvae often eat some distance around their bores, and the trees, being weakened, are liable to break in a gale or die from such other causes as mentioned. Once in Brisbane district I found several branches and young trees, containing caterpillars of *Zeuzeridæ*, which had been snapped off during a severe thunderstorm; sawing off the ends and taking them home the insects therein soon pupated, and in due course the moths emerged, all being very small.

The moths of course give a great deal of trouble, first of all the larvae have to be located, and from time to time visited, then when pupated there is the cutting down and carting or railing home of the blocks, and whilst I have these I am practically a prisoner, for I cannot be absent a whole day, the insects as they emerge having to be watched, then at the proper time killed, and, when in proper condition eviscerated, stuffed, often sewn up again, and finally set, — to put any away in papers would be most unwise. They take a long time to dry (Fig. A, p. 21), the larger ♀s 15 to 20 days, or longer in damp weather, then for days there is the danger of small *Diptera* attacking the specimens when on the boards (even though they may be freely dusted with naphthalin), the maggots working in the thorax and causing the wings to loosen.

As stated the preceding remarks are mostly upon several of the larger species, but apply fairly well to all. Most of the insects are found in *Eucalyptus* trees, one in *Tristania*, one in *Casuarina*, one in *Melaleuca*, and several in *Acacia* trees, a small species (*X. polyploca* Turner) in *Grevillea*, and another small one in *Loranthus*. I have never bred a species from typical scrub or jungle trees, which, however, can scarcely by regarded as purely Australian, but I know of one in a scrub tree and hope to get the moth in time, it certainly is a very rare species and should prove to be of more than general interest.

These great moths, like the *Saturnids* and *Ornithopteras* etc., after emergence keep a quantity of liquid in reserve, which they discharge with great force if molested, so it is an excellent plan, before bottling them, to endeavour to prevail upon them to part with this, otherwise it sullies the bottle and maybe themselves, so a judicious tickling or poking of the abdomen has the desired effect, something being held in front to catch the jet, care being taken that it does not squirt over ones face or clothes; presumably this affords some slight protection against an enemy. I should imagine so were he to receive the full force of it !

Of course all pupae project from the hole, it is most interesting to watch the great black-headed things bending and squirming in their efforts to break the shell and escape; doubly interesting when a new species !

There may be over 50 species of *Zeuzeridæ* known, one Australian Entomologist (M. G. Lyell. F. E. S.) possessing as many as 40, but drawn from all the colonies.

F. P. Dodd. F. E. S.

Kuranda 10 : IV : 13.

IV bis. — Notes sur les grands Cossidés d'Australie

Par F. P. Dodd.

(Planches X a XVI)

Depuis quelques années j'élève ces grands Nocturnes. Dans certains districts, où il n'y a plus de noirs, les chenilles se sont développées en très grande abondance. Je comprends alors qu'un grand nombre d'Acacias puissent avoir été tués par les chenilles, lorsque *Xyleutes eucalypti*, ou une espèce très voisine, est apparue en grande quantité en Tasmanie; en général, très peu d'arbres meurent par suite de la présence excessive des chenilles; cependant j'ai rencontré dernièrement une espèce qui, se nourrissant plusieurs années successives sur le même arbre, a causé la mort d'un certain nombre de pieds et de très grosses branches, alors que, dans le voisinage, il y avait d'autres arbres semblables non attaqués.

Dans les districts de Brisbane (Queensland méridional), Townsville, Cairns (Pl. A, Carte de l'Australie), Kuranda, Herberton (Queensland septentrional) et de Port-Darwin (Nord-Ouest de l'Australie), j'ai élevé en tout 27 espèces. Deux d'entre elles avaient moins de 3 pouces d'envergure, six entre 4 et 5; leur envergure moyenne était comprise entre 5 et 9 pouces 3/4 (1). Je n'ai travaillé, à aucun moment, à une distance de la côte supérieure à 50 milles (2), de sorte qu'il peut encore rester beaucoup d'espèces intéressantes à découvrir dans l'intérieur du pays australien, ainsi que dans le sud-est, le sud et l'ouest, où je ne suis jamais allé.

Les deux plus petites espèces sont grégaires; l'une vivait dans la tige d'un *Loranthus*, l'autre dans le tronc d'un *Grevillea*; j'obtins environ 20 éclosions de la première; quant à la seconde, j'ai eu jusqu'à 30 papillons provenant d'un seul arbre. Toutes les autres sont solitaires, à l'exception d'une espèce, uniformément grise, de Port-Darwin; il n'est, en effet, pas rare d'en rencontrer de petits groupes de 4 ou 5 larves de cette dernière espèce, étroitement réunies ensemble, dans le grand *Eucalyptus* à fleurs jaunes de cette région.

Les noirs de Port-Darwin semblent ne connaître absolument rien de ces grandes chenilles; ils nous regardent bouche-bée lorsque nous abattons les arbres pour les rechercher et ils restent saisis d'étonnement quand on leur dit que « leurs camarades noirs, dans le Queensland, les mangent ». Un certain nombre d'Australiens ont goûté à ces chenilles et tous s'accordent à dire que leur goût est très agréable.

Le district de Brisbane est riche en espèces, quelques-unes sont même très communes. Il y a trois espèces extraordinairement grandes, ayant plus de 9 pouces de largeur; la plus commune et la plus largement distribuée est *Xyleutes Boisduvali* (Pl. XIX, fig. 8 et 9), qui est d'ailleurs le plus grand papillon xylophage que je connaisse; cependant je n'en ai jamais préparé aucun dont

(1) Le pouce anglais valant 0^{m}025, la largeur des espèces variait donc entre 7 et 24 centimètres.

(2) Le mille anglais, qu'il ne faut pas confondre avec le mille marin, vaut 1.609^{m}3; 50 miles égalent donc environ 80 kilomètres et demi.

la taille fût supérieure à 9 pouces 3/4. J'ai eu entre les mains une ♀ qui, j'en suis sûr, avait bien 10 pouces d'envergure, mais comme c'était un spécimen imparfait, je ne l'ai pas conservée. Le fait que le district de Brisbane se trouve richement pourvu d'espèces d'Eucalyptus, et que les noirs n'y sont plus, explique l'abondance des Cossidæ dans cette région; cependant je suis convaincu qu'il y a d'autres localités aussi riches, peut-être même plus.

A Townsville, 900 milles plus au nord, on trouve encore quelques noirs, mais ils semblent tellement s'être accoutumés à la nourriture des blancs que les chenilles que l'on est obligé d'extraire des bois durs n'ont plus aucune attraction pour eux; cependant ici, à Kuranda, j'ai souvent été désappointé de voir qu'une larve de *X. Boisduvali*, dont j'avais noté la position les mois précédents, avait été extraite et mangée par quelque naturel vagabond. Ici, à 200 milles au nord de Townsville, ces chenilles des arbres verts, ainsi que les grandes larves de Coléoptères dans les troncs vermoulus ou les souches pourries, sont fort recherchées et très appréciées par les noirs; à Herberton, nous avons plusieurs fois rencontré des bandes de jeunes nègres, armés de tomahawks, explorant les broussailles pour récolter des chenilles, lesquelles, ainsi que le veut l'habitude, sont légèrement rôties avant d'être dévorées.

Beaucoup de collectionneurs n'ont qu'une connaissance très superficielle de ces lépidoptères nocturnes; c'est ainsi qu'un certain Munchausen Australien, en 1887 ou vers ce temps, publia, dans les Proceedings de la « Linnean N. S. W. Society », une note contenant des renseignements extraordinaires et ridicules, qui ont été acceptés par les nombreux naturalistes inexpérimentés de cette époque. Il y est dit que les chenilles vivent au-delà de 7 années et que leurs galeries ont une grande longueur; une chenille aurait été gardée en observation pendant 7 ans (donc elle a dû vivre 10 à 12 ans) à l'aide d'un morceau de bois découpé dans le tronc de l'arbre et recouvrant sa galerie, mais retiré de temps en temps pendant le long intervalle que dura cette observation! Malheureusement pour cet intéressant récit, il ne vint pas à l'esprit du narrateur que de funestes et entreprenants ichneumons, dont les tarières ont 2 pouces de long, auraient eu tôt fait de découvrir cet insecte et de le transformer en une masse de leurs larves; il ne dit pas comment la pièce de bois avait pu être découpée sans que la chenille le fût également; il ne pense pas non plus qu'elle a dû bientôt se rétrécir ou être réduite en poudre par de nombreux insectes perforateurs. Cependant ce mémoire trompeur donna aux entomologistes l'impression que les larves de Cossidæ vivaient un grand nombre d'années; je suis seul, ainsi que deux ou trois autres en Australie, à savoir que cela n'est pas. J'ai appris rapidement, par la perte de plusieurs bons échantillons, combien il était imprudent d'intervenir dans les galeries des larves; en découvrant ainsi leurs retraites; les souris et différents insectes parasites ou prédateurs les détruisent facilement dans leurs travaux de défense affaiblis. J'affirme donc sans hésitation que, dans le Queensland et ailleurs aussi certainement, aucun papillon xylophage n'emploie plus de 3 ans pour accomplir le cycle de ses métamorphoses; quelques-unes des plus petites espèces n'ont même pas besoin d'autant de temps. J'ai souvent étudié très attentivement *X. Boisduvali* ainsi que plusieurs autres grandes espèces et jamais le papillon n'a manqué d'éclore *dans la seconde année après la découverte de la larve*, si petite qu'elle soit.

8

Le premier signe permettant de déceler la présence d'une larve consiste en un petit monceau de « sciure de bois » répandu, soit sur le sol, soit sur une saillie de l'écorce située plus bas que les galeries fraîchement commencées; et, s'il s'agit de *X. Boisduvali*, on voit un petit rideau de toile et de déchets s'étendant au-dessus de l'orifice du trou; ce dernier est lui-même, en outre, protégé par une solide bandelette de toile parcheminée qui se raccorde avec la surface unie de l'écorce — quelques arbres sont, il est vrai, rugueux au voisinage du sol; mais, un peu plus haut, ils deviennent propres et unis. Avec le temps, la larve ayant poussé son forage plus avant et renforcé la toile qui en recouvre l'orifice, le rideau se détache et tombe; le diamètre de la toile parcheminée recouvrant l'orifice a 1/4 de pouce; dans son centre, une petite ouverture est ménagée, par laquelle les débris du forage et de la nourriture sont expulsés; la toile et son ouverture sont agrandies au fur et à mesure, mais pas sur une trop grande étendue, car la masse excrémentielle est longue et étroite dans certaines espèces, plus petite dans d'autres; les plus grandes boulettes que j'ai vues ne dépassaient pas la taille d'une crotte de rat. Au début, le trou de galerie ne pénètre que peu profondément dans l'épaisse écorce de l'arbre (épaisse de 1/2 ou 3/4 de pouce); mais, dans peu de mois, de grands progrès sont faits dans le forage; dès que la galerie a atteint une profondeur de 1 pouce et demi à 2 pouces, elle tourne brusquement vers le haut et, au bout de 12 mois révolus, la jeune chenille, qui, au début, avait à peine un pouce de long, a acquis une taille supérieure à 3 pouces; un grand espace a été rongé au-dessus et tout autour du trou de sortie, lequel cependant reste toujours bien bouché par les débris du forage, etc.; la galerie, à ce moment, peut avoir 5 à 6 pouces de longueur; pendant les 12 mois qui suivent, une plus grande somme de travail est encore naturellement accomplie, la galerie est continuée jusqu'à 8, 9 ou 10 pouces d'étendue (rarement 12); la chenille a grandi en proportion et a acquis l'aspect d'une saucisse de 6 à 7 pouces de long; les bandes, d'un pourpre très sombre au début, sont maintenant devenues d'un rose purpurin clair.

L'époque de la nymphose approchant, la chenille pratique, dans l'écorce, immédiatement au-dessus du trou d'évacuation, une entaille du diamètre d'un florin environ; l'écorce ainsi incisée se dessèche et tombe, laissant l'ouverture dégagée. L'ouverture d'évacuation primitive est alors ouverte et élargie; il en résulte que, peu de temps après la chrysalidation, la présence de l'insecte est révélée par l'existence de deux trous; l'élargissement et le dégagement du second trou ont évidemment pour but de favoriser l'écoulement de l'eau qui pourrait pénétrer dans la galerie d'éclosion au moment des fortes pluies; or, il est indispensable que la nymphe soit tenue à l'abri de toute humidité autre que celle occasionnée par la sève de l'arbre. Ces préliminaires accomplis, la larve se retire en arrière en filant, à la manière des araignées, dans la partie horizontale de sa demeure, une toile collante à laquelle elle fixe des fragments de bois et d'écorce; elle enduit également les parois d'une substance liquide, huileuse au toucher, qui rend le bois très lisse et a pour but, sans doute, d'en prévenir le retrait et le fendillement. (Les remarques qui précèdent, ainsi que celles qui suivent, concernent particulièrement *X. Boisduvali*, mais elles sont également applicables à plusieurs autres grandes espèces.) Les fils s'arrêtent au moment où la larve atteint presque l'extrémité de la galerie, alors elle file une solide toile collante d'un jaune blanchâtre, bien fermée, et ayant environ un quart de pouce d'épaisseur ; de nombreuses gouttelettes de liquide restent attachées à cette toile pendant un temps très long. Aussitôt après cette toile est construit le « plug » ou opercule, dont le tissu, incrusté de débris ligneux, constitue une excellente protection contre la plupart de ses ennemis. La larve se trouve maintenant étroitement enfermée ; il existe seulement un tout petit espace entre elle et l'opercule. Quelques jours s'écoulent encore avant que la chrysalidation ne s'accomplisse ; une espèce de l'Acacia reste même ainsi sans changement, pendant plusieurs semaines ; de telle sorte que, après s'être ainsi enfermé pour la transformation pupale, le papillon n'apparaît quelquefois que 3 ou 4 mois plus tard. Avec le temps, l'opercule se dessèche, se durcit et devient coriace ; la toile, qui est en dessous, est presque entièrement ratatinée ; cependant, chez certaines espèces, cette toile reste spongieuse ; elle conserve sa substance grasse et son humidité, et ne s'en va, adhérente à l'opercule, que lorsque celui-ci est rejeté au dehors. Une grande espèce de larve possède une quantité inusitée de matière huileuse, elle en use abondamment dans sa galerie et sur la toile située au-dessous de l'opercule ; cette huile a une très forte odeur perceptible à plusieurs pieds de distance (1) ; occasionnellement, la larve de cette même espèce peut ne se chrysalider qu'en automne ; le papillon n'apparaît alors que 16 à 18 semaines plus tard.

En général, les papillons éclosent au bout de 8 semaines environ ; la chrysalide brise tout d'abord l'opercule et le rejette avec une sorte de bec dont sa tête est armée ; il y a largement l'espace nécessaire pour que celui-ci tombe dans la cavité située en dessous — en face du trou le plus petit et le plus bas placé. Plusieurs espèces font un trou incliné, partant directement de la galerie, au lieu de découper une cavité. Deux espèces creusent loin, aussi bien en dessus qu'en dessous de leur première galerie d'évacuation et en établissent d'autres à des distances convenables ; quelques-uns des plus anciens tunnels servent alors à l'emmagasinement du matériel de rebut qui y est tassé très fortement ; mais, le plus souvent, ces espèces se retirent dans les travaux supérieurs pour y subir la chrysalidation.

Il n'y a pas deux carapaces nymphales qui soient semblables ; celles qui proviennent des Acacias ont la couleur de la gomme laque, d'autres sont plus claires ou plus sombres et les rangées d'épines ou dents dorsales diffèrent par leur longueur, leur forme, leur nombre, et par la manière dont elles sont disposées ; toutefois la différence la plus importante et la plus facile à percevoir réside dans le bec céphalique qui sert à briser l'opercule ou à le rejeter ; ce bec peut être court et émoussé, assez large ou assez fin et pointu et, malgré ces différences, constant dans chaque espèce.

Pour réussir avec certitude à obtenir les papillons, tout arbre ou branche qui renferme une pupe doit être abattu et le bloc utile, séparé avec son contenu ; c'est souvent une pièce pesant 70 ou 80 livres (2), quelquefois plus, qui doit alors être transportée à la maison et soumise à l'observation. Dans les périodes chaudes et sèches, beaucoup de pupes ne parviennent pas à rejeter leur opercule, elles meurent alors dans les blocs ; d'autres deviennent les victimes des ichneumons,

(1) Le pied anglais (*foot*) correspond, dans notre système métrique, à 0m305.
(2) La livre ordinaire anglaise (*pound*) vaut 453 gr. 54.

ou sont estropiées par le choc de la hache ou la chute des arbres. Plus de la moitié des *X. phæo-soma* que je possédais à Port-Darwin moururent à l'intérieur du bois, et le tiers au moins des *Boisduvali* échoue complètement.

Toutes les espèces ne travaillent pas en remontant, dans les arbres, quelques-unes font les deux espèces de galeries, et deux ou trois autres creusent seulement vers le bas; toutes ne construisent pas un opercule régulier; *X. liturata*, par exemple, et un autre encore, tissent un large anneau feutré laissant, en se rétrécissant vers son centre, une ouverture incomplète; mais, cela est tellement épais et tellement dur, que la larve doit posséder une grande force pour se frayer un chemin au travers. *X. eucalypti* est presque toujours entièrement confiné dans les racines; il doit alors, avant la chrysalidation, s'ouvrir un passage à travers plusieurs pouces de terre, vers la surface; ce couloir est adroitement tapissé de toile, de fragments d'écorce et de bois grugés; j'ai rencontré un de ces couloirs qui avait 5 à 6 pouces de longueur; ce papillon sort toujours des racines; je ne me souviens pas l'avoir jamais vu sortir de la base des arbres. *Tenebrifer* peut sortir des deux manières, mais généralement, sinon toujours, il se trouve là où il n'y a pas de terre sur le bois. Il existe un certain nombre de formes de *X. liturata* qui pourront peut-être, un jour ou l'autre, être séparées en plusieurs espèces; l'une d'elles éclôt prématurément vers 10 ou 11 heures du matin, l'autre plus tardivement vers 5 ou 6 heures du soir. Mais la majorité des espèces apparaissent entre 11 heures du matin et 3 heures du soir; en règle générale, les éclosions sont d'autant plus précoces que les journées sont plus chaudes et plus sèches.

Quelques espèces de chenilles sont d'un blanc nacré, alors que dans leur jeunesse elles étaient jaunâtres; d'autres qui, au début, étaient fortement rougeâtres, deviennent plus pâles, puis, à leur maturité, acquièrent une coloration terne et d'un blanc rosé. *X. Boisduvali* et les espèces voisines sont ornées, dans leur jeunesse, de bandes alternativement blanches et d'un pourpre sombre; ces bandes pourpres pâlissent avec l'âge

Un fait qui est aussi particulièrement intéressant, chez tous ces insectes, c'est qu'ils possèdent le pouvoir de se chrysalider peu de temps après avoir acquis le tiers de leur taille si la provision de nourriture vient à manquer; j'ai vérifié ces faits plusieurs fois et j'ai obtenu souvent des papillons qui n'avaient que 2 pouces 1/2 d'envergure, alors que, s'ils avaient été nourris jusqu'à leur pleine période, ils auraient acquis une envergure de 6 à 7 pouces. Il n'est pas douteux que ce ne soit là un moyen de prévoyance contre l'extinction, car beaucoup d'arbres sont détruits par la sécheresse et par le feu; les branches meurent quelquefois sous les attaques des insectes eux-mêmes ou sont brisées par les vents violents. Les larves vont souvent chercher leur nourriture à une certaine distance de leurs premières galeries; alors, les arbres affaiblis sont exposés à être brisés par les tempêtes ou meurent pour telle ou telle autre des causes que nous avons mentionnées. Une fois, dans le district de Brisbane, je rencontrai quelques branches et un certain nombre de jeunes arbres, renfermant des chenilles de *Zeuseridæ*, et qui avaient été brisés net au cours d'un violent orage. Après avoir scié le reste, je l'emportai à la maison; les insectes qui vivaient à l'intérieur se chrysalidèrent et les papillons en sortirent en temps voulu, mais ils étaient tous très petits.

L'obtention des papillons occasionne naturellement beaucoup d'embarras; avant tout il faut découvrir les larves, puis, de temps en temps, les visiter; lorsque l'époque de la chrysalidation est arrivée, il faut couper les arbres et transporter les blocs à la maison, soit en voiture, soit par chemin de fer. Au cours de ce travail, je suis pratiquement comme un prisonnier; je ne peux pas m'absenter pendant une journée entière car les insectes doivent être étroitement surveillés lorsqu'ils éclosent; après avoir été tués en temps convenable et surtout vidés dans de bonnes conditions, ils sont bourrés, souvent même recousus, et, finalement, étalés; essayer d'en réserver quelques-uns en papillotes serait très imprudent. Il faut un temps assez long pour la dessiccation (Fig. A, p. 21); les plus grandes ♀s exigent 15 à 20 jours et même quelquefois plus par les temps humides. Pendant les premiers jours, on a aussi à redouter de petits Diptères qui attaquent les spécimens sur leurs planchettes (alors même qu'ils sont complètement saupoudrés de naphtaline) et qui, travaillant dans le thorax, provoquent le détachement des ailes.

Les précédentes remarques, ainsi qu'il a été dit, peuvent s'appliquer à la plupart des grandes espèces, mais également assez bien à toutes. Pour la plupart, ces insectes ont été trouvés dans les *Eucalyptus;* un seul dans les *Tristania,* un autre dans les *Casuarina,* un troisième dans les *Melaleuca;* plusieurs espèces habitent les Acacias et une petite espèce (*X. polyploca* Turn) les *Grevillea;* une dernière, également petite, les *Loranthus.* Je n'ai jamais élevé d'espèce vivant dans les arbres typiques du maquis ou de la jungle pouvant être considérés comme purement australiens, néanmoins j'ai connaissance d'une espèce vivant sur un arbre du maquis (*scrub*) dont j'espère pouvoir obtenir le papillon en temps voulu; c'est certainement une espèce rare et dont l'étude dépasserait sûrement l'intérêt ordinaire de nos connaissances générales.

Ces grandes espèces, de même que les *Saturnides,* les *Ornithoptères,* etc., possèdent en réserve, après l'éclosion, une certaine quantité de liquide qu'elles expulsent avec une grande force lorsqu'on les inquiète; c'est alors une excellente précaution de les engager à s'en défaire avant de les capturer, autrement elles saliraient le flacon et se souilleraient peut-être elles-mêmes; un judicieux chatouillement ou une légère compression de l'abdomen produisent l'effet désiré, mais on doit placer quelque chose pour recevoir le jet, et veiller à ce qu'il ne gicle pas au visage ou sur les vêtements; ce liquide constitue probablement une légère protection contre un ennemi possible. Je m'imagine ce qu'il doit en être pour celui qui le reçoit dans sa pleine force !

Naturellement, à un moment donné, toutes les pupes sortent de leur cavité; il est alors très intéressant d'observer ce grand objet à tête noire se courbant et multipliant ses efforts afin de briser sa carapace et s'échapper — l'intérêt est double lorsqu'il s'agit d'une espèce nouvelle.

Le nombre des espèces connues de *Zeuzeridæ* est probablement supérieur à 50; un entomologiste australien (M. G. LYELL. F. E. S.) en possède environ 40, mais provenant de toutes les colonies.

F. P. DODD. F. E. S.

Kuranda 10 : IV : 13.

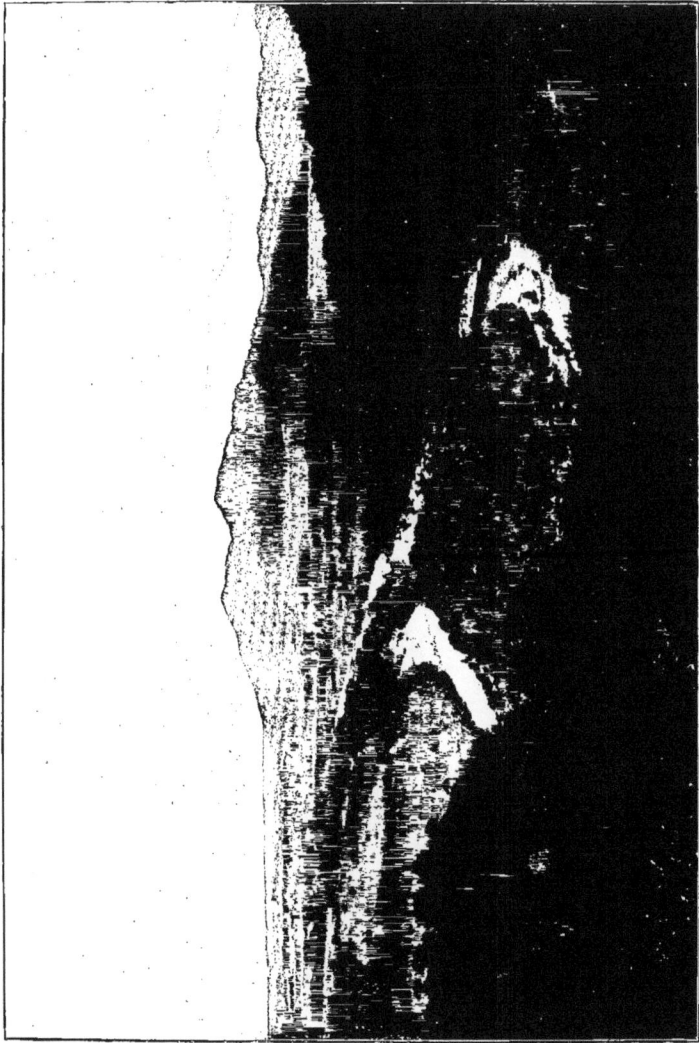

FIG. 11. — Plaine s'étendant au pied des chaînes de montagnes à environ 9 milles de Kuranda ; la ligne du chemin de fer suit la rivière, passe en arrière des collines noires et arrive à Cairns. Au pied de ces collines nous avons rencontré en abondance des chrysalides de *Cassandra* et de *C. Cydippe*.

Fig. 12. — Chutes de Stoney Creek au moment des crues, à environ 6 milles de Kuranda; c'est un peu au-dessous de ce ruisseau, dans la jungle épaisse, que nous avons trouvé beaucoup de jolis papillons, diurnes et nocturnes. Le ruisseau de Stoney se réunit au Barron au pied des collines, à environ 2 milles au-dessous de ce point.

9

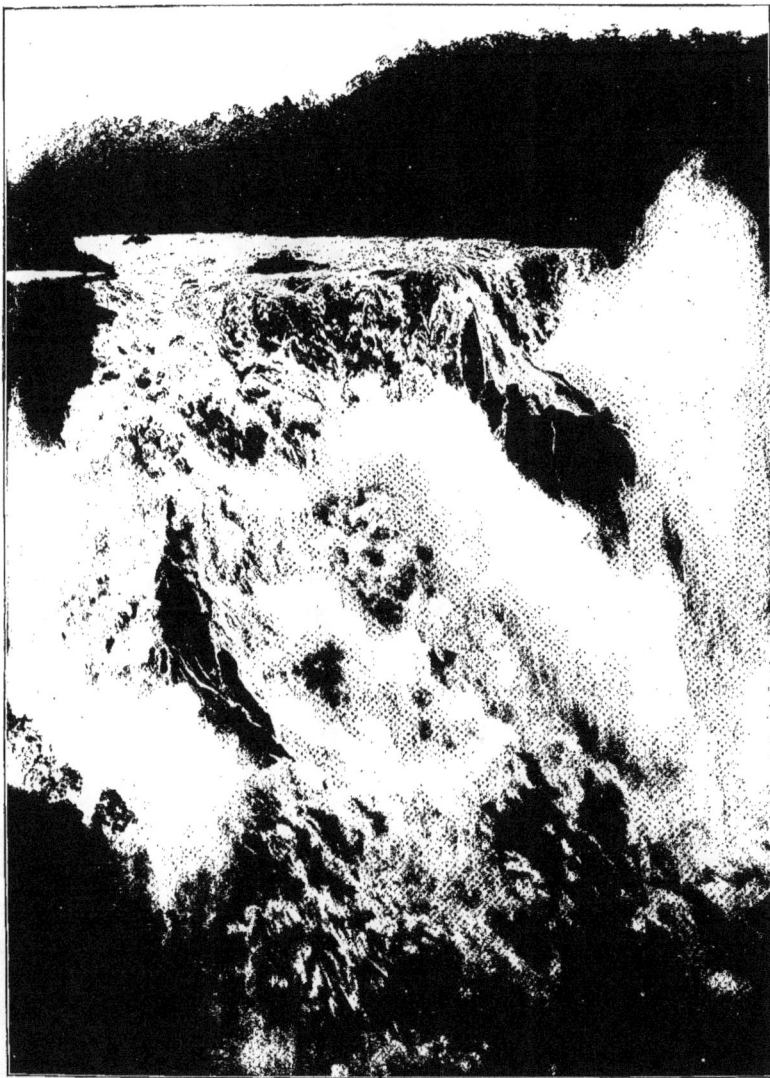

FIG. 13. — Cette chute, située à 1 mille et demi de Kuranda (20 milles de Cairns), tombe d'une hauteur
d'environ 650 pieds ; il y a encore deux autres chutes, plus bas, de sorte que la rivière tombe d'une
hauteur de 950 pieds dans l'espace de 3 milles et demi ; la vue est une de celles que l'on ne peut
jamais oublier et que les mots sont impuissants à décrire.

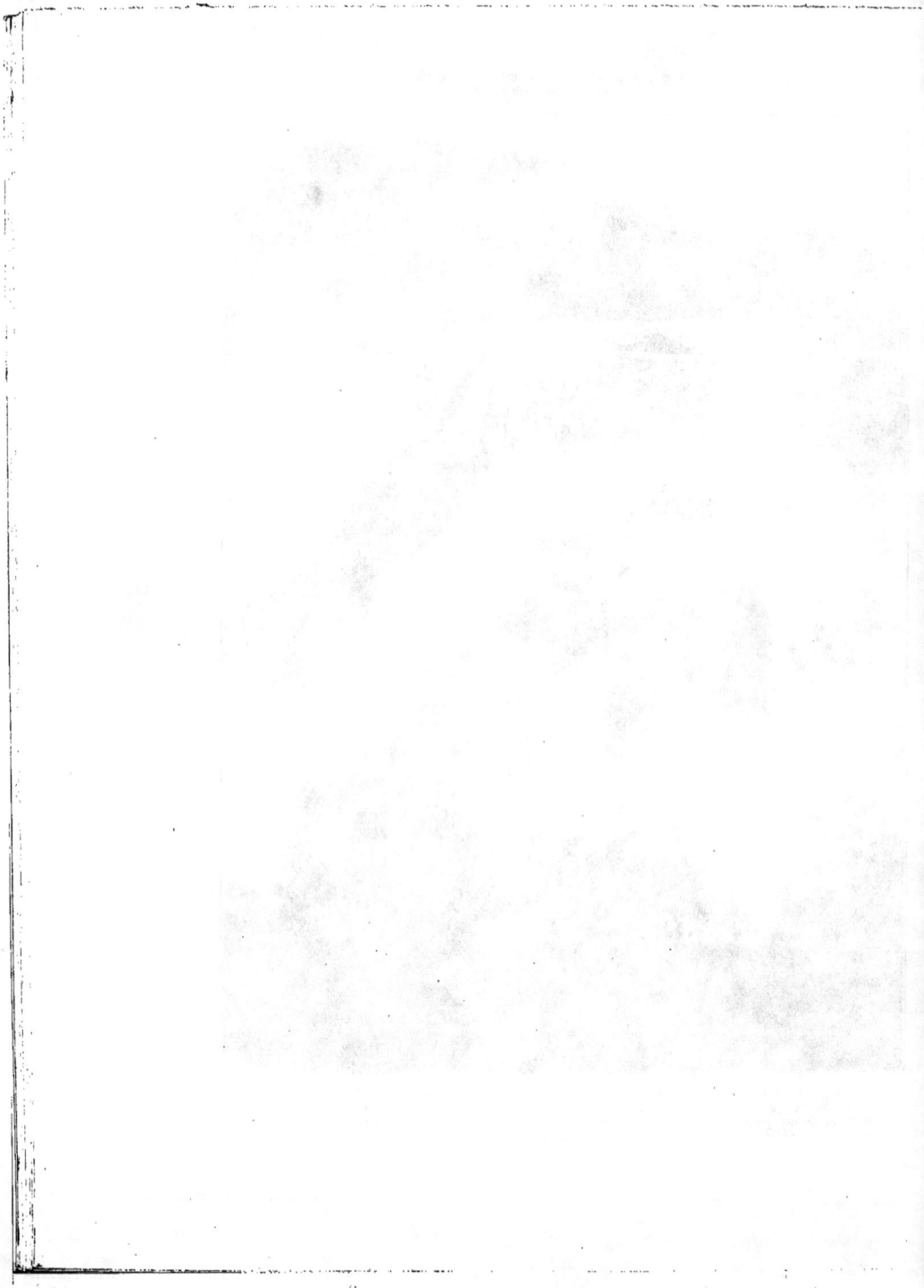

Pl. XIII

LE FLEUVE BARRON AU MOMENT DES CRUES

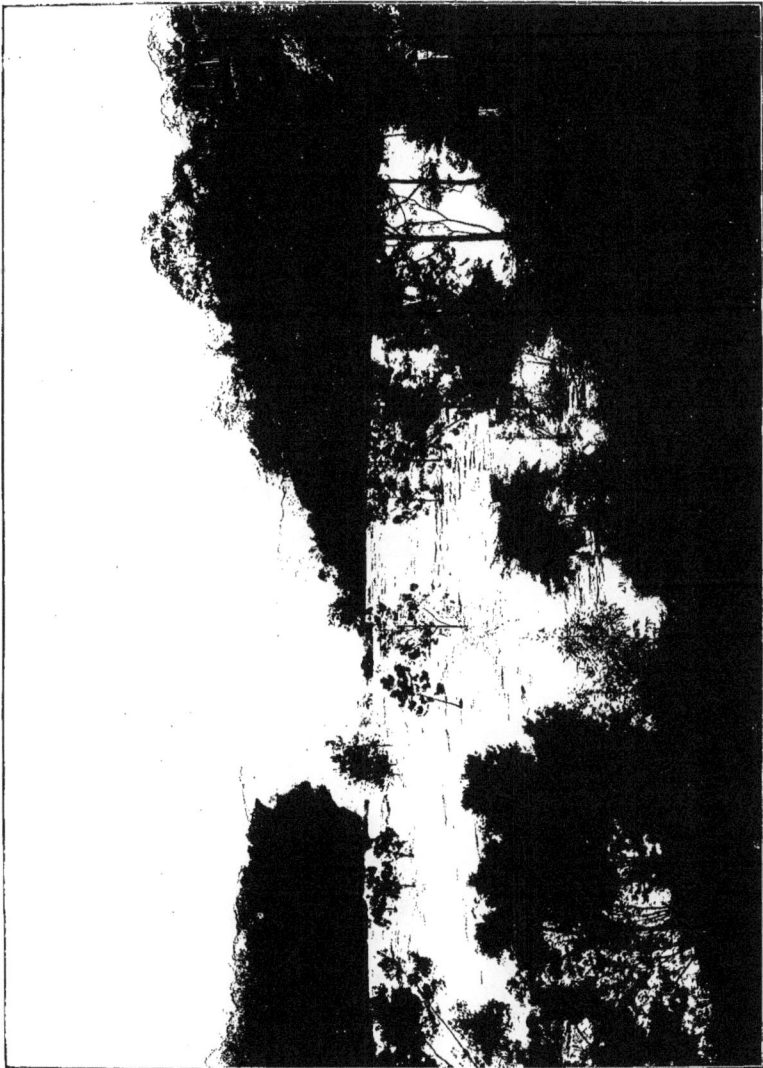

FIG. 14. — Cette vue représente le fleuve en amont et immédiatement en arrière de la chute.

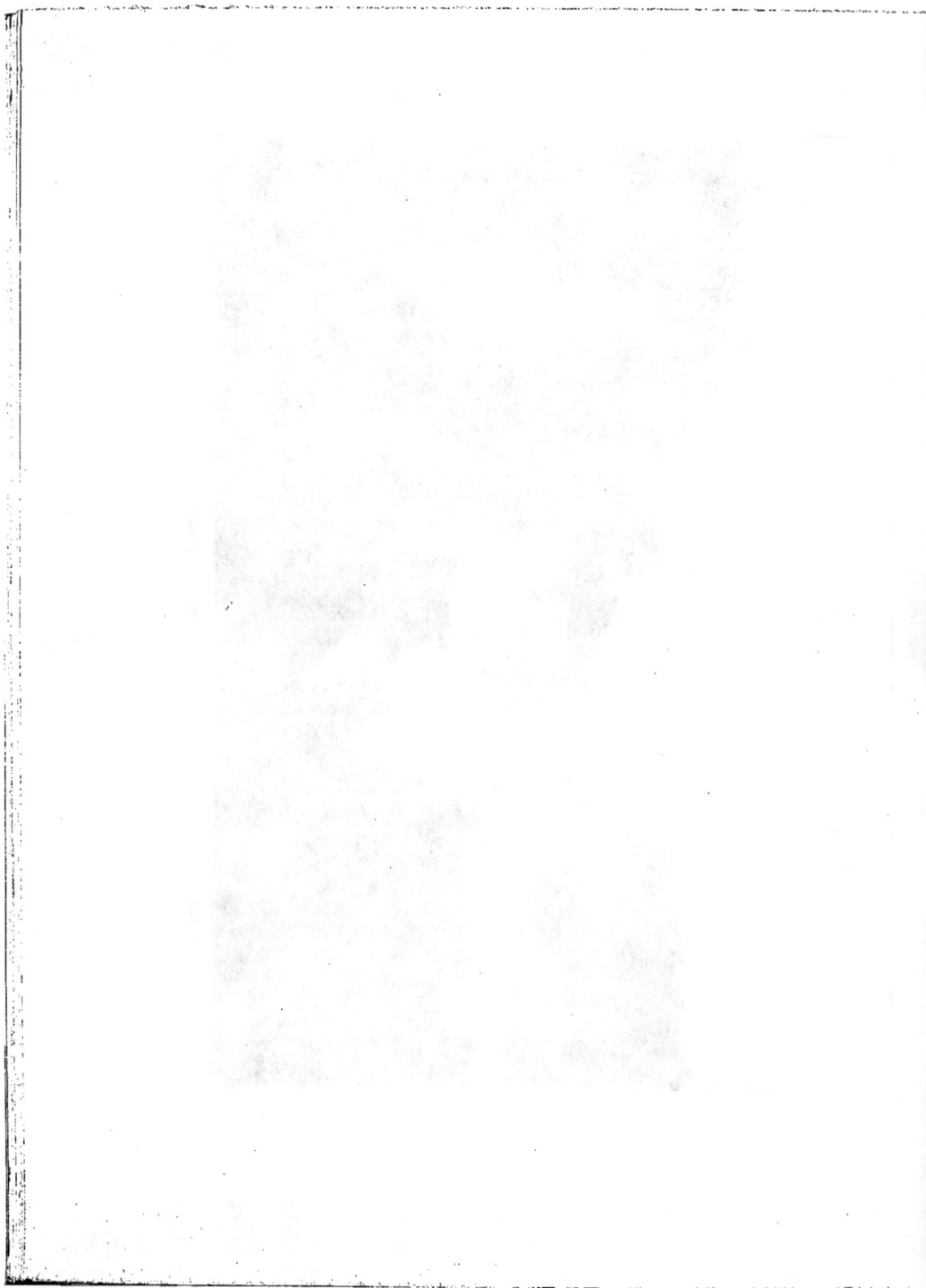

Pl. XIV

Kuranda, vue de la rive opposée du Barron

Fig. 15. — La ligne du chemin de fer longe la rivière au bord de laquelle quelques habitations ont été élevées.

FIG. 16. — Vue prise de Kuranda, par-dessus la ligne du chemin de fer et la vallée du Barron.

FIG. 17. — Groupe d'indigènes australiens de la région de Kuranda.

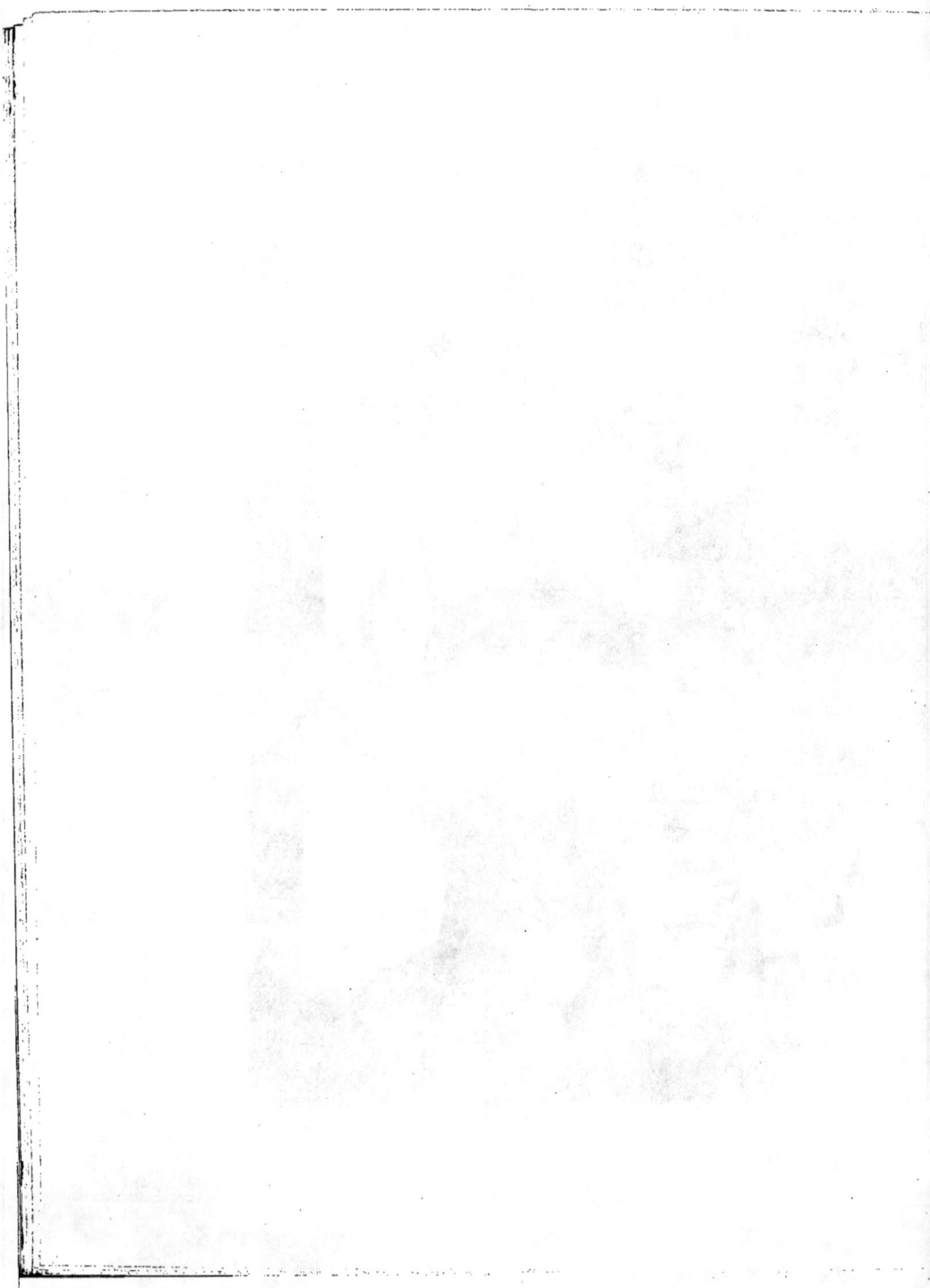

V. — Les Xyleutes d'Australie

Notes critiques et Descriptions de trois Espèces nouvelles

Ch. OBERTHÜR

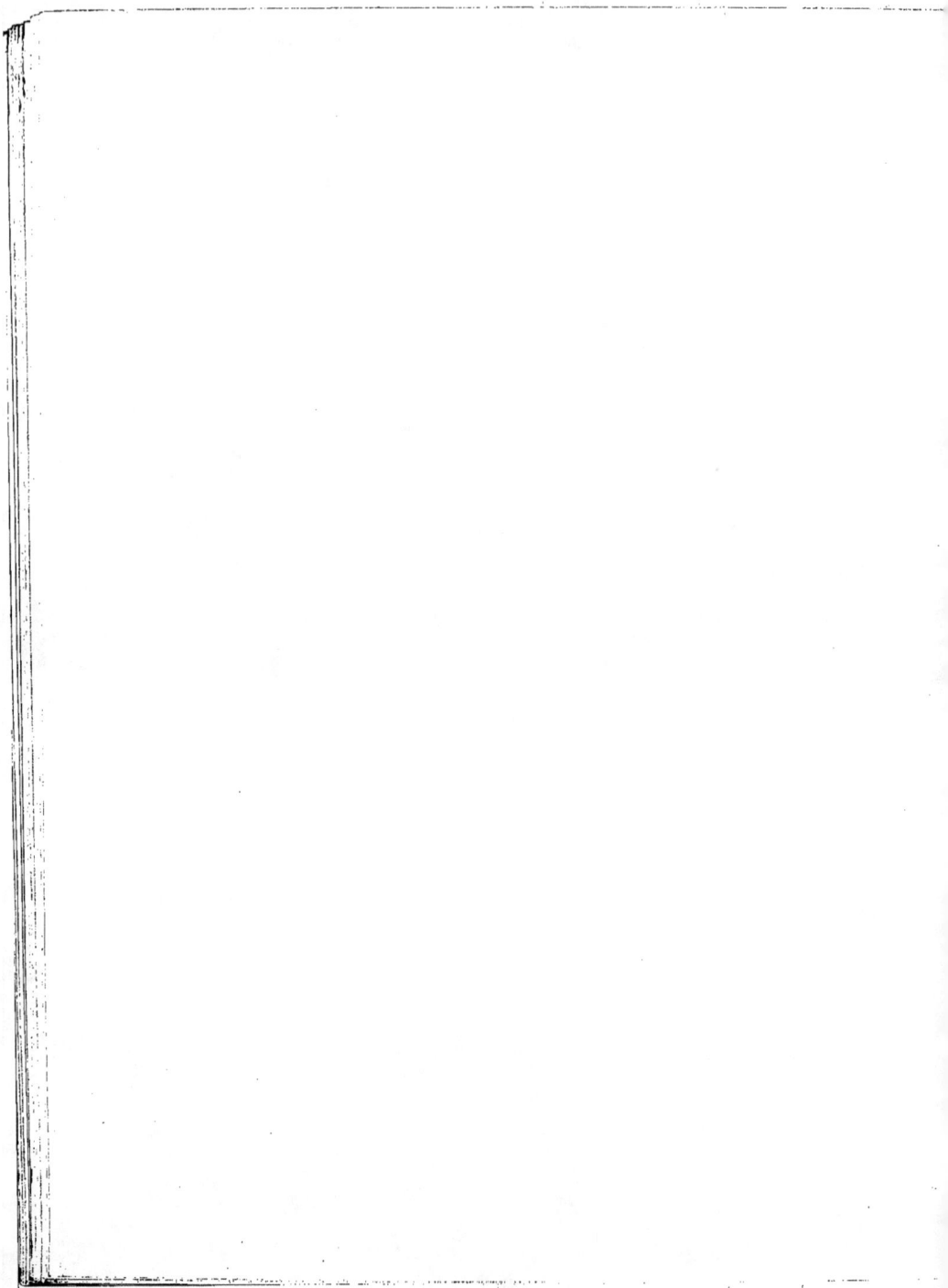

V. — Contribution à l'étude des grands Lépidoptères d'Australie
Notes critiques et Descriptions de trois Espèces nouvelles

Par Ch. Oberthür.

Explication des Planches photographiques représentant les *Xyleutes*

(Planches XVII a XLI)

Jusqu'ici, la figuration des Espèces de *Xyleutes* australiens, la plupart nouvellement découvertes, n'a pas été très considérable, du moins en Australie où plusieurs Espèces ont cependant été décrites, notamment par M. A. Jefferis Turner.

En Angleterre, dans *Novitates Zoologicae*, Vol. III, 1896, The Hon. Walter Rothschild a décrit (p. 232) les *Xyleutes Boisduvali, magnifica* et *pulchra* et (p. 600, 601) les *Xyleutes affinis, sordida* et *lichenea ;* mais, à l'exception de *pulchra*, ces remarquables Espèces ne semblent pas encore avoir été figurées jusqu'ici.

En outre, dans *Nov. Zool.*, Vol. IV, 1897, le même Auteur a décrit (p. 307, 308) les *Xyleutes Donovani* et de nouveau *pulchra*.

Cette fois, il a figuré *Donovani*, Pl. VII, fig. 2,

et *Pulchra* ♂ et ♀, Pl. VII, fig. 3 et 4.

Toujours dans *Nov. Zool.*, Vol. VI, 1898, the Hon. W. Rothschild a décrit *Xyleutes maculatus* (p. 443, 444), « closely allied to *Boisduvali* »; mais *maculatus* n'a pas été figuré (*).

Enfin dans *Nov. Zool.*, Vol. X, 1903, le même Entomologiste a décrit (p. 306-308), et a figuré les

Xyleutes Doddi, Pl. XI, fig. 11,

— *Striga*, Pl. XI, fig. 12,

— *Molitor*, Pl. XI, fig. 13,

— *eluta*, Pl. XI, fig. 14,

et (p. 482-483) le *Xyleutes zophoplecta*, Turner, dont le ♂ se trouve figuré sur la Pl. XI, fig. 10.

(*) A propos de ce nom *maculatus*, je crois devoir faire remarquer que dans *Tijdschrift voor Entomologie*, vol. XXII, 1879, en un mémoire intitulé *Lepidoptera van Celebes* par Piepers et Snellen, ce dernier décrit (p. 125), et figure (Pl. 10, fig. 4) avec le nom de *Cossus maculatus*, la ♀ d'un *Cosside* qui me paraît tout-à-fait référable au genre *Xyleutes*.

C'est d'ailleurs dans ce Genre que *Maculatus*, Snellen, est classé par Kirby. Dès lors, il résulte une confusion dans la nomenclature de l'emploi du même nom spécifique : *Maculatus* pour désigner deux Espèces différentes d'un même Genre, d'abord par Snellen, puis par Rothschild. Le fait étant signalé, je propose de remplacer le nom *Maculatus*, Roths. par *Rothschildi*, Obthr.

Afin de ne pas m'exposer à augmenter la confusion synonymique, en donnant des noms nouveaux à des *Xyleutes* représentés dans cet ouvrage et qui auraient déjà pu être décrits en Australie, mais malheureusement non figurés, j'ai communiqué à M. Dodd les photographies des *Xyleutes* que lui-même a d'ailleurs capturés, en lui demandant de me faire connaître les déterminations qu'il aurait pu obtenir en Australie.

M. Dodd eut l'obligeance de s'adresser à M. A. Jefferis Turner qui paraît actuellement le plus qualifié pour fournir un renseignement exact ; en conséquence, le 15 avril 1916, je reçus de M. Dodd les indications dont j'ai profité. Elles étaient accompagnées de la lettre de M. A. Jefferis Turner, datée du 23 janvier 1916 et que je reproduis comme suit :

Wickham Terrace.
Jan. 23rd. 1916.

DEAR MR. DODD,

Your letter with M. Oberthür's photos arrived just before I left for a short Holiday. I am sorry that they have been detained. The photos are excellent. But the task of identifying them has not been an easy one. I have compared them carefully with my collection, but some of them I do not know. — N° 1, which seems a very obscure species, I do not recognise at all, nor the lowest figure in N° 2. — N° 4 contains 3 distinct species. — N° 17, which I have without name, may be an undescribed species. — N° 13, I do not know. *X. stryx*, Linn. I have not seen.

I am very pleased that M. Oberthür is figuring these species, as it will be a great help to Entomologists who study this group.

You will notice that I have initialled my notes in pencil " A. J. T. ".

I am,

Yours faithfully,

A. JEFFERIS TURNER.
N° 13 is very like *X. d'Urvillei* H.-Sch.

Les Espèces suivantes sont représentées photographiquement, à leur grandeur naturelle, dans le présent ouvrage :

Pl. XVII. N°ˢ 5 et 6. — XYLEUTES BOISDUVALI ♂, Rothschild; dessus et dessous.

Pl. XVIII. N° 7. — XYLEUTES BOISDUVALI ♀, vue en dessus (avec l'oviducte saillant).

Pl. XIX. N° 8. — XYLEUTES BOISDUVALI ♀, vue en dessous.

Pl. XIX. N° 9. — Chrysalide de XYLEUTES BOISDUVALI.

La description a été publiée par the Hon. Walter Rothschild, à la page 232 du Vol. III, dans *Novitates Zoologicae*, 1896. Aucune figure n'a encore été produite.

Ma collection contient 16 exemplaires des deux sexes, venant de North Queensland, Taylor Range et Kuranda.

Pl. XX. N° 10. — XYLEUTES AFFINIS ♂, Rothschild.

Pl. XX. N° 11. — XYLEUTES AFFINIS ♀, Rothschild.

Pl. XXI. N° 12. — XYLEUTES AFFINIS ♀, Rothschild.

Les exemplaires dans ma collection (2 ♂, 2 ♀) proviennent de North Queensland, Taylor Range et Kuranda.

La description initiale est imprimée aux pages 600 et 601 dans *Novitates Zoologicae*, Vol. III, 1896. Les ailes inférieures et le dessus de l'abdomen, sauf la partie médiane qui est grise, sont *chesnut red*, c'est-à-dire d'une teinte rouge de châtaigne, à peu près comme dans *magnifica*.

La figure de *Xyleutes affinis* n'a pas encore été publiée.

Pl. XXI. N° 13. — XYLEUTES MAGNIFICA ♀, Rothschild.

L'exemplaire figuré vient de Hunter-River, N. S. Wales.

L'Espèce *magnifica* est bien distincte de *Boisduvali*, par ses ailes inférieures et son abdomen d'un brun rouge. Cette teinte est qualifiée : *chesnut-red*, c'est-à-dire rouge de châtaigne, dans la description imprimée à la page 232 du Vol. III, dans *Novitates Zoologicae*, 1896.

Pas plus que pour *Boisduvali* et *Affinis*, la figure de *Xyleutes magnifica* n'avait pas encore été reproduite.

Pl. XXII. N°ˢ 14 et 15. — XYLEUTES MACKERI ♂ et ♀, Obthr.

Ma collection contient 3 ♂ et 5 ♀ de cette magnifique Espèce, tous reçus de M. Dodd, de Kuranda.

En dessus, les ailes supérieures sont d'un brun roux maculées de blanc avec une foule de vermiculations noires; les fond des ailes inférieures est brun roux, avec une éclaircie d'un gris blanchâtre ou ocracé, le long du bord marginal; de plus, on aperçoit une foule de vermiculations assez fines qui ressortent en brun plus foncé que le fond.

Le thorax est d'un brun doré; une tache en fer à cheval, d'un noir profond, soyeux et velouté, de forme ovalaire, entoure la partie thoracique médiane qui reste brune avec un peu de blanc vers la base; chez les ♂, le collier est blanc et la couleur blanche du collier se relie de chaque côté à la partie blanche des ailes.

L'abdomen est brun sur le dos, avec deux touffes de poils soyeux d'un blanc jaunâtre, au voisinage du thorax; sur les côtés, chaque anneau de l'abdomen est maculé de blanc et l'incision de l'anneau paraît blanche.

En dessous, l'abdomen du ♂ est d'un gris blanchâtre et les ailes supérieures sont, à l'opposé du dessus, plus obscures, tandis que les inférieures sont plus claires. Les vermiculations sont nombreuses et paraissent les mêmes qu'en dessus; le disque des ailes, surtout aux supérieures, est couvert de poils bruns et soyeux.

Chez la ♀, le dessous des quatre ailes est plus copieusement velu que chez le ♂ et comme feutré d'une abondante couche de poils soyeux, d'un brun doré, sauf sur le bord marginal qui est blanchâtre, sans poils et vermiculé de brun foncé.

J'ai dédié cette superbe Espèce de *Xyleutes*, jusqu'ici restée inédite, à la mémoire du Lieutenant-Colonel Léon Macker, fils de mon cher et vénérable ami, le Docteur Emile Macker, de Colmar, Vice-Président de la Société d'Histoire Naturelle de cette ville, à qui j'ai dédié le Volume VIII des *Etudes de Lépidoptérologie comparée.*

Le *Bulletin des Armées* vient de publier, dans un de ses derniers numéros, le récit de la mort héroïque et bien française du Colonel Léon Macker, tué, le 8 mars 1916, sous Verdun (*).

Son frère, M. l'abbé Emile Macker, était, avant la guerre, directeur de l'Institution Sainte-Marie, à Belfort.

Le jour de la mobilisation, bien qu'étant incorporé dans les infirmiers, il demanda à être versé dans un régiment de marche. C'est là qu'il fit bravement son devoir.

Parti comme simple soldat, il est actuellement sous-lieutenant porte-drapeau et décoré de la Croix de guerre.

La notice suivante est extraite du Journal *Nouvelliste de Bretagne*, n° 96, du mercredi 5 avril 1916 :

UN ÉPISODE DES COMBATS DU BOIS DES CORBEAUX

« Paris, 4 avril 1916. — Le bois des Corbeaux, dans la bataille de Verdun, donnera son nom à l'un de ces épisodes où l'histoire, plus tard, comme à Douaumont, comme à Vaux, recueillera à foison des traits d'héroïsme individuels ou collectifs. Pris, repris et reperdu dans les journées des 8, 9, 10 mars, il fut le théâtre de sanglants combats et nos troupes qui y prirent part se montrèrent magnifiques sous le feu. Voici le récit de ces trois journées héroïques, tel qu'il nous a été fait par un officier blessé qui se trouva placé auprès du Lieutenant-Colonel Camille-Joseph-Léon Macker, commandant le 92ᵉ régiment d'infanterie jusqu'au moment où celui-ci fut tué :

LA TOILETTE DU COLONEL AVANT L'ASSAUT. — C'est du Mort-Homme que notre attaque partit le 8 mars 1916, sur le bois des Corbeaux ; il fallait, pour y parvenir, descendre par des pentes dénudées sur un espace de 900 mètres. L'opération fut confiée au 92ᵉ régiment d'infanterie, commandé par le Lieutenant-Colonel Macker, avec un bataillon du ...ᵉ en soutien. On devait partir à 7 heures. Le Colonel Macker, ayant pris toutes ses dispositions de combat, voulut soigner sa toilette pour cette grande journée. N'ayant pas d'eau pour faire sa barbe, il vida dans son quart le fond d'une bouteille de vin qui lui restait et trempa son blaireau dans le vin pour se

---

(*) On ne lira pas sans le plus sympathique intérêt et la plus patriotique admiration, le récit reproduit ci-dessous des derniers jours du Lieutenant-Colonel Macker que j'avais l'honneur de connaître personnellement, ayant reçu sa visite à Rennes, en 1913, alors qu'il était chef de bataillon à l'état-major du 4ᵉ corps d'armée. Je me souviens de l'avoir conduit par Monterfil au camp voisin de Coëtquidan où il se rendait pour des manœuvres. Le commandant Léon Macker était un des officiers les plus distingués et les plus instruits de notre armée ; il se conciliait immédiatement le plus affectueux respect.

savonner. Il apparut à ses hommes rasé de frais, souriant et si calme que les plus nerveux à son approche se sentaient rassérénés et sûrs de vaincre. Il disposa en trois vagues les bataillons de son régiment et fixa les intervalles. Lui-même marcherait devant la deuxième vague. Comme il était très croyant, il pria l'aumônier de la division de se placer sur le côté et de bénir chacune des trois lignes, lorsqu'elle défilerait à sa hauteur, puis il regarda sa montre, alluma un cigare, recommanda à la première ligne de ne pas se presser à cause du long espace à parcourir. Quand ce fut 7 heures, il leva sa canne pour donner le signal. L'aumônier, à son poste, bénit les partants. La canne à la main, le cigare aux lèvres, le Colonel partit à son tour devant la deuxième vague.

L'ASSAUT. — On fit au pas, sans se presser, ainsi que l'avait recommandé le Colonel, la plus grande partie du parcours ; 200 mètres seulement avant la lisière sud du bois, on prit le pas de charge à cause des mitrailleuses qui tiraient de la corne sud-est du bois de Cumières et battaient le bas des pentes. On parvint au bois des Corbeaux, dont on aborda la lisière sans rencontrer personne. L'ennemi avait fui devant l'avalanche, mais s'était fortifié à la lisière nord où nos fantassins furent reçus à coups de grenades, mais d'où ils délogèrent l'ennemi. A 7 h. 20, nous étions maîtres de tout le terrain ; un heureux tir de barrage empêcha les renforts allemands de passer et nous pûmes nous installer presque tranquillement.

UN ORDRE DU JOUR. — Radieux, le Colonel fit un ordre du jour qui devait être le dernier et qui a toute la beauté d'un testament héroïque :

« Le régiment, disait-il, — et, si ce ne sont pas les termes exacts, j'en garantis du moins la » pensée, — a, dans un élan magnifique, emporté le bois des Corbeaux.

» Par vous, grâce à vous, j'ai vécu la plus belle journée de ma vie de soldat. »

Le 9 mars, au soir, vers 6 h. 30, une contre-attaque ennemie, venue de Forges, se déclancha pour nous arracher notre conquête ; nous la dispersâmes à coups de mitrailleuses et de fusils et nous fîmes une cinquantaine de prisonniers. Nous avions reçu la veille en renfort deux compagnies du ...° et, le matin, deux autres.

LE COLONEL EST TUÉ. — Le 10, au matin, pour prévenir les attaques allemandes que nous sentions venir, nous réattaquons et nous nous emparons de la lisière nord-est du bois de Cumières. C'est en se portant à ce point qu'il veut fortifier que le Colonel Macker est tué par une mitrailleuse qui faucha, en même temps que lui, le commandant Arnoult et le lieutenant Rouchon. Il tomba sans pousser un cri.

Le régiment a perdu dans son Colonel un chef et un père. Du moins, nous l'avons vengé et son souvenir continuera de nous conduire à l'ennemi. »

Voici du reste la citation relative au Colonel Macker : « Chef de corps de premier ordre : chargeant en tête de deux bataillons de son régiment, a, dans un élan irrésistible, franchi les barrages les plus violents de grosse artillerie et enlevé la position ennemie. Tombé en héros sur le terrain conquis, après avoir rejeté pendant deux jours toutes les contre-attaques de forces très supérieures en nombre ».

Pl. XXIII. N⁰ˢ 16 et 17.— XYLEUTES PHAEOCOSMA ♂ et ♀, Turner.

Pl. XXIV. N⁰ˢ 18 et 19.— XYLEUTES PHAEOCOSMA ♂ et ♀, Turner.

Je possède 3 ♂ et 3 ♀, tous reçus de M. Dodd. Ils ont été pris à Port-Darwin. Je suis redevable de la détermination à l'obligeante intervention de M. Dodd qui a bien voulu présenter des photographies à M. A. Jefferis Turner. M. Jefferis Turner a publié la description de cette espèce dans *Ann. Queensland Museum*, t. X, 1911, p. 130-131.

Phaeocosma est une grande et belle Espèce d'un aspect assez analogue à *Mackeri*, mais très distincte.

Pl. XXV. N⁰ˢ 20, 21, 22. — XYLEUTES LITURATA ♂, ♀ ♀, Donovan (*An Epitome of the natural History of the Insects of New Holland, New Zealand*, etc.; London, 1805), Pl. 37, p. 42.

Voici en quels termes Donovan décrit l'Espèce :

« *Cossus lituratus* — specific character. — Anterior wings varied with fuscous and hoary white, with innumerable small transverse lines, and a few daubs of black : posterior pair livid.

Cossus lituratus : alis anticis fusco canoque variis : lineolis numerosissimis transversis lituris que aliquot nigris, posticis lividis.

There is a fine specimen of *Cossus lituratus* in the collection of Mr. Francillon, the only specimen we are acquainted with in any cabinet. »

Le *Xyrena Casuarinae*, Herrich-Schaeffer (♂, fig. 162), appartient à la même Espèce *Lituratus*, précédemment figurée par Donovan.

Ma collection contient l'exemplaire qui a servi de modèle à la figure publiée par Herrich-Schaeffer. Ce papillon avait été prêté par le Dʳ Boisduval à Herrich-Schaeffer, pour le bel ouvrage : *Sammlung neuer oder wenig bekannter aussereuropaeischer Schmetterlinge*, qui porte la date 1850-1858.

Je possède plusieurs exemplaires anciennement et nouvellement récoltés, notamment 3 ♂ et 4 ♀ que m'a envoyés M. Dodd. L'un d'eux porte l'étiquette de localité : Brisbane.

Pl. XXVI. N⁰ˢ 23, 24, 25. — XYLEUTES TURNERIANA ♂, ♀, ♀, Obthr.

M. Dodd m'a envoyé 1 ♂ et 4 ♀, de Kuranda.

Les ailes supérieures, en dessus, sont entièrement grises ; les inférieures sont velues près de la base et d'un brun noirâtre. Sur les supérieures, il y a quelques taches noires. Le thorax du ♂ est gris ; le thorax des ♀ est plus foncé. Dans son ensemble, l'abdomen du ♂ est noir en dessus, avec les incisions des anneaux blanches. L'arête dorsale est grise ainsi que les derniers anneaux et la pointe abdominale ; chez la ♀, l'abdomen est couvert d'une pilosité épaisse d'un brun noirâtre, avec l'extrémité abdominale grise.

En dessous, les ailes sont d'un gris brun clair, avec le bord marginal plus pâle ; le disque des ailes supérieures est couvert d'un feutrage soyeux, assez épais, dans les espaces intranervuraux.

Le *Xyleutes Turneriana* pourrait être une race agrandie de *Xyleutes Sordida*, Rothschild, ainsi que je l'expose plus loin.

Pl. XXVII. N°s 26 et 27. — Xyleutes Lichenea ♂, ♂, Rothsch.

Pl. XXVII. N° 28. — Xyleutes Coscinota ♀, Turner (*Doddi*, Rothschild). Kuranda.

C'est, d'après ce que je connais, la forme extrême au point de vue de l'oblitération des macules sur le dessus des ailes supérieures. La forme extrême inverse, quant au développement des maculatures, est représentée sous le n° 40, dans le présent ouvrage.

Pl. XXVIII. N°s 29, 30, 31. — Xyleutes Edwardsi ♂, ♀, ♀, Tepp.

La taille des exemplaires peut être très variable, si j'en juge par 5 ♂ et 5 ♀ que m'a envoyés M. Dodd, de Kuranda.

L'Espèce est entièrement grise en dessus, toutefois avec les ailes inférieures plus foncées. Le ♂ photographié sous le n° 29, dans le présent ouvrage, présente les incisions des anneaux de l'abdomen noires; mais cela est dû à une dislocation accidentelle des anneaux abdominaux. Chez les 4 autres ♂ de ma collection, — tous beaucoup plus petits que le n° 29, — l'abdomen est entièrement gris.

Les ♀ montrent de chaque côté de l'abdomen, au contact du thorax, deux houppes de poils blancs; d'ailleurs les ♂ offrent le même caractère, mais de grosseur réduite.

Le dessous des ailes du ♂ est noirâtre, sauf la base des supérieures et le bord des quatre ailes qui sont d'un gris blanchâtre, ainsi que le corps. La ♀, en dessous, est un peu plus sombre que le ♂ et l'abdomen semble latéralement bordé d'une sorte de barbe grise assez épaisse, tandis que le dessus et le dessous de l'abdomen sont peu velus.

Quant au-dessous du thorax et aux premiers articles des pattes, ils sont très velus dans les deux sexes.

Je suis redevable de la détermination de cette Espèce à l'obligeance de The hon. Walter Rothschild.

Pl. XXIX. N°s 32, 33, 34. — Xyleutes Donovani ♂, ♀, ♀, Rothschild.

Espèce de taille variable, comme du reste toutes ses congénères.

Décrite et figurée dans *Novitates Zoologicae*, Vol. IV, 1897, p. 307 et 308; Pl. 7, ♂, fig. 2. La ♀ n'avait pas encore été figurée.

M. Dodd m'a envoyé de Kuranda 4 ♂ et 7 ♀. Quelques-uns de mes échantillons sont étiquetés : Taylor Range.

Pl. XXX. N°s 35, 36, 37. — Xyleutes Tenebrifer ♂, ♀, ♀, Walker.

Ma collection contient 7 ♂ et 4 ♀ ; quelques-uns portent l'étiquette : Townsville Queensland. La taille des papillons est très inégale.

Les ♂ varient pour la couleur des ailes inférieures blanche ou brunâtre; les ♀ ont les ailes inférieures de couleur rousse, comme la majeure partie de l'abdomen dont l'extrémité anale paraît être toujours noire. Chez les ♂, l'abdomen, d'abord gris blanchâtre, a également la pointe noire. Le thorax est noir, comme les ailes supérieures.

Pl. XXXI. Nᵒˢ 38, 39. — XYLEUTES SORDIDA ♂ et ♀, Rothschild.

La ♀ seule se trouve décrite dans *Novitates Zoologicae*, Vol. III, 1896, p. 601, d'après deux exemplaires de Brisbane.

L'Espèce n'a pas encore été figurée.

La ♀ *Sordida*, beaucoup plus petite que *Turneriana*, a le thorax entièrement gris, de la même teinte que les ailes supérieures; la frange des supérieures est entrecoupée de blanc et de noirâtre.

Il serait possible que *Sordida* — (ou du moins ce que je désigne sous ce nom, car l'Espèce n'ayant pas été figurée, il m'est impossible de savoir si la détermination qui m'a été communiquée est exacte) — fût une forme de *Turneriana* ?

Certains de mes exemplaires (4 ♂ et 1 ♀) viennent de Taylor Range.

Pl. XXXI. Nᵒ 40. — XYLEUTES COSCINOTA ♀, Turner (*Doddi*, Rothschild).

Le ♂ et la ♀ sont décrits avec le nom de *Doddi*, à la page 306, dans *Novitates Zoologicae*, Vol. X, 1903; le ♂ est figuré dans le même ouvrage sous le nᵒ 11 de la Pl. XI.

Je possède 5 ♂ et 5 ♀ assez variés, provenant de Townsville et Port-Darwin.

J'ai fait figurer dans le présent ouvrage :

1ᵒ Une ♀ *Coscinota*, Turner (*Doddi*, Roths.), sous le nᵒ 28;

2ᵒ Une ♀ *Coscinota*, sous le nᵒ 40;

3ᵒ Une ♀ *Coscinota*, sous le nᵒ 50;

4ᵒ Une ♀ et un ♂ *Coscinota*, sous les nᵒˢ 53 et 54.

La ♀ figurée sous le nᵒ 40, dans le présent ouvrage, a les taches bien plus marquées que la ♀ reproduite sous le nᵒ 28. Mais tous les *Xyleutes Coscinota* se distinguent par un caractère du bord terminal des ailes antérieures, en dessus; c'est, à l'aboutissement de chaque nervure, une petite tache brune qui, sur certaines ♀, produit l'effet d'une légère dentelure.

J'ignore dans quel ouvrage et à quelle date a été publiée la description de *Coscinota*, par M. Turner. Le renseignement que je reçois, met le nom *Coscinota*, Turner, en tête et le nom *Doddi*, Rothschild, en synonymie. Je me suis conformé au renseignement émanant d'Australie, pour l'application du nom de l'Espèce.

Pl. XXXII. Nᵒˢ 41, 42, 43, 69 et 70. — XYLEUTES LICHENEA ♀, ♀, ♀, ♀, ♀, Roths.

J'ai reçu de M. Dodd, de Kuranda, 5 ♂ et 7 ♀, de taille très inégale, ainsi que le démontrent les figures des échantillons nᵒˢ 41, 42 et 43 comparés à 69 et 70.

Cet exemple montre à quelle variation de taille sont exposés les papillons du Genre *Xyleutes*.

Les deux sexes sont très différents.

La ♀ seule est décrite dans *Novitates Zoologicae*, Vol. III, 1896, à la page 601. Je suis redevable à M. Dodd des renseignements qui m'ont permis d'apparier les ♂ et les ♀ de *Xyleutes Lichenea*.

M. Dodd m'a fait connaître que *Lichenea*, Rothschild, avait pour synonyme *Olbia*, Turner; comme M. Dodd place le nom *Olbia* après le nom *Lichenea*, j'en conclus que le nom *Lichenea* doit avoir la priorité.

Pl. XXXIII. N°s 44, 45, 46, 47. — XYLEUTES DICTYOSOMA ♂, ♂, ♀, ♀, Turner.

M. Dodd m'a envoyé 3 ♂ et 5 ♀ de *Xyleutes Dictyosoma*, Espèce très obscure; le ♂ a le fond des ailes inférieures blanc en dessus aussi bien qu'en dessous; la ♀ a les mêmes ailes d'un brun noir mat, en dessus; le dessous des 4 ailes est brun noir avec le bord plus clair, traversé par une foule de vermiculations noires; les ailes inférieures notamment sont couvertes de ces vermiculations. En dehors des bords costal, marginal et interne, tout le fond des ailes supérieures est recouvert d'un feutrage épais et soyeux de couleur brun noirâtre.

Pl. XXXIV. N°s 48 et 49. — XYLEUTES PULCHRA ♀ et ♂, Rothschild.

J'ai reçu 4 ♂, 3 ♀ et 1 larve soufflée; l'origine est : Taylor Range.

La ♀ de l'Espèce a d'abord été décrite dans *Novitates Zoologicae*, Vol. III, 1896, p. 232; puis il a été fait mention du ♂ dans le Vol. IV du même ouvrage, 1897, p. 308; et les deux sexes ont été figurés sous les n°s 3 et 4 de la Pl. VII.

Pl. XXXIV. N° 50. — XYLEUTES COSCINOTA ♀, Turner (*Doddi*, Rothschild).

Pl. XXXV. N°s 51, 52. — XYLEUTES NEPHROCOSMA ♀ et ♂, Turner.

Très intéressante Espèce et d'aspect assez spécial à cause de sa coloration, venant de Kuranda d'où j'ai reçu 5 ♂ et 5 ♀. Le fond des ailes est d'un blanc jaunâtre et les dessins sont très gris et comme naturellement atténués.

Pl. XXXV. N°s 53, 54. — XYLEUTES COSCINOTA ♀ et ♂, Turner (*Doddi*, Rothschild).

Voir pour cette Espèce les n°s 28, 40 et 50.

Pl. XXXVI. N°s 55 et 56. — XYLEUTES STRIGA ♂, ♂, Rothschild.

Je ne connais que le ♂ de cette Espèce. M. Dodd ne m'a pas encore envoyé la ♀.

Le *Xyleutes Striga* a été décrit à la page 307 du Vol. X, 1903, de *Novitates Zoologicae*, et le ♂ seul est figuré sous le n° 12 de la Pl. XI dans l'ouvrage précité.

La larve est figurée sous le n° 57.

Pl. XXXVI. N° 58. — XYLEUTES (ENDOXYLA) D'URVILLII ♀, Herrich-Schaeffer.

Pl. XXXVII. N°s 58 *bis*. — XYLEUTES HOULBERTI ♂, ♂, ♀, ♀, Obthr.

Se place à côté de *Doddi*, Roths. (♂, fig. 54, ♀, fig. 28, 40, 50, 53); de taille généralement un peu plus petite; les deux sexes sont d'un brun de cendre violacé plus foncé que dans *Doddi*. En dessus, le *ground colour* du ♂, chez *Houlberti*, est uniforme sur les quatre ailes et sur le corps; mais on distingue, sur le thorax, un fer à cheval noir et, à la base dudit thorax, deux touffes de poil gris blanchâtre, suivies, sur les deux premiers anneaux abdominaux, de crêtes velues faisant comme un chevron noirâtre. Les côtés de l'abdomen sont bordés de poils noirâtres. Les ailes supérieures sont couvertes d'une vermiculation assez serrée plus foncée que le fond des ailes; les ailes inférieures sont unies.

Le dessous de l'abdomen est gris; le dessous des quatre ailes est brun, avec une série de macules plus foncées, le long du bord costal; on remarque une pilosité soyeuse et plus foncée sur les espaces intranervuraux vers la base des ailes; au bord interne il y a une éclaircie d'un blanc jaunâtre, d'aspect soyeux et luisant. La frange est courte, blanche, entrecoupée de brun.

La ♀ est entièrement brune en dessus, sans trace de fer à cheval sur le thorax.

Le long de l'abdomen, sur chaque côté, on distingue une pilosité saillante, semblant répartie en autant de petits pinceaux qu'il y a d'anneaux abdominaux; mais cette pilosité ne se remarque pas sur l'anneau anal qui est relativement allongé.

La vermiculation, aux ailes supérieures, est comme chez le ♂; avant la frange, dans les deux sexes, l'aboutissement de chaque nervure est marqué par un petit trait brun foncé, ce qui donne un aspect de denticulation assez régulière.

Le dessous des ailes est brun, soyeux, velu dans les espaces intranervuraux vers la base des ailes supérieures; la côte et le bord interne sont d'une teinte plus claire, presque ocre jaune.

Dans les deux sexes, le premier article des pattes est très velu.

Ma collection contient 5 ♂ et 5 ♀ provenant de Kuranda (Queensland).

J'ai dédié cette Espèce, que je crois inédite, à mon cher et très estimé collaborateur, M. le Professeur C. Houlbert.

Pl. XXXVIII. N°s 59 et 60. — XYLEUTES (ENDOXYLA) EUCALYPTI ♂ et ♀, Herrich-Schaeffer.

Les deux exemplaires que j'ai fait représenter sous les n°s 59 et 60 viennent de Hunter River (New S. Wales).

Le spécimen reproduit photographiquement sous le n° 58 est le même qui a servi de modèle à la figure publiée par Herrich-Schaeffer, sous le n° 163, dans *Sammlung neuer oder wenig bekannter aussereuropaeischer Schmetterlinge*. Il faisait partie de la collection Boisduval et avait été prêté à Herrich-Schaeffer, avec beaucoup d'autres échantillons de la même collection, pour être figuré en couleurs, ce que Herrich-Schaeffer faisait réaliser avec une véritable perfection.

Evidemment, l'*Endoxyla D'Urvillii* de Tonga-Tabou est la ♀ de *Eucalypti*.

Herrich-Schaeffer avait du reste reconnu que les figures 163 (*D'Urvillii* ♀) et 164 (*Eucalypti* ♂) représentaient les deux sexes d'une seule et même Espèce.

Pl. XXXIX. Nᵒˢ 61, 62, 63, 64, 65, 66, 67. — XYLEUTES POLYPLOCA, Turner.

L'Espèce est variable surtout pour les ♀ qui sont plus ou moins obscures. Ma collection contient 25 exemplaires des deux sexes. Le fond des ailes est d'un gris plus clair chez les ♂ que chez les ♀.

Pl. XXXIX. Nᵒ 68. — XYLEUTES ZOPHOPLECTA ♀, Turner (*).

C'est probablement une petite forme de *Xyleutes Dictyosoma*. Dans les *Novitates Zoologicae*, Vol. X, 1903, le *Xyleutes Zophoplecta* ♂ se trouve figuré sous le nᵒ 10 de la Pl. XI, tandis que je fais représenter la ♀ sous le nᵒ 68.

Dans le texte de *Novitates Zoologicae*, Vol. X, p. 482, je lis ce qui suit : « *Xyleutes Zophoplecta*, Turner; We have received this insect under the above name, but cannot find the description. »

Je me trouve dans le même cas. La description de *Xyleutes Zophoplecta* a paru dans : *Trans. R. Soc. Sc. Austral.*, 1902, t. XXVI, p. 202, ouvrage qu'il m'a été jusqu'ici impossible de consulter.

Nous ne recevons malheureusement pas assez régulièrement en France et même en Angleterre, paraît-il, communication des travaux entomologiques qui sont publiés à l'Etranger, spécialement en Australie et aux Etats-Unis d'Amérique.

Pl. XXXIX. Nᵒˢ 69, 70. — XYLEUTES LICHENEA ♀, ♀, Rothschild.

Ce sont deux exemplaires de forme naine de l'Espèce.

Pl. XL. Nᵒˢ 71, 72, 73. — XYLEUTES STRIX, Linné.

Ce beau *Cosside* a été figuré par Clerck, l'Iconographe des papillons linnéens, avec l'indication : *Ph. Strix* 59, sur la Tab. 51.

L'Espèce est très variable par la taille, la largeur des ailes, la teinte plus ou moins claire ou obscure du fond; elle n'est point rare et semble très répandue dans toute l'Océanie.

Le ♂ nᵒ 71 a été pris à Java par les chasseurs de Waterstradt; le ♂ nᵒ 72 ainsi que la ♀ nᵒ 73 viennent de Manille; la grande ♀ nᵒ 74 a été récoltée au mont Kina-Balu, au nord de Bornéo, en 1903, par les chasseurs de l'Orchidéiste John Waterstradt, de Copenhague. Ce nᵒ 74 est le plus grand exemplaire que j'aie vu jusqu'à ce jour de *Xyleutes Strix*, Linné.

Pl. XLI. Nᵒ 74. — XYLEUTES STRIX, Linné.

L'un des plus grands exemplaires connus de cette belle Espèce.

Rennes, 19 avril 1916.

CHARLES OBERTHÜR.

(*) Le nom est imprimé *Zophoplecta* dans *Novitates Zoologicae*. A plusieurs reprises, M. Dodd a écrit *Zoplecta*, au lieu de *Zophoplecta*. Ne connaissant pas les descriptions originales de M. Turner, je ne sais lequel des deux noms : *Zophoplecta* et *Zoplecta* est le bon ; d'après les indications du *Zoologica Record*, ce serait le premier.

Les grands Xyleutes australiens

DE LA COLLECTION CH. OBERTHÜR

Photographiés d'après nature

(Planches XVII a XLI)

Pl. XVII

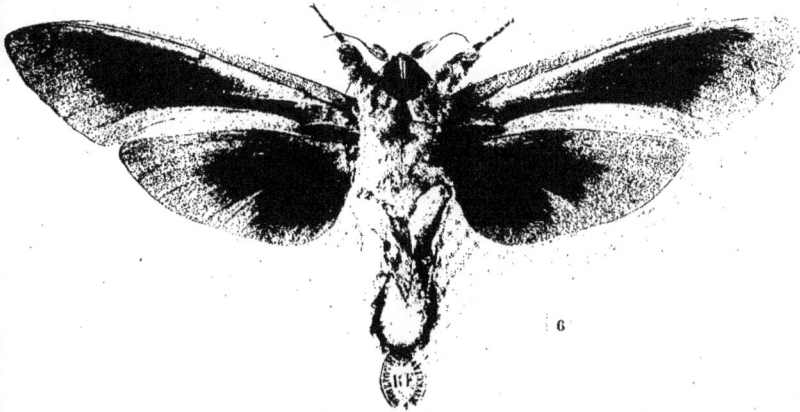

FIG. 5 et 6. -- *Xyleutes Boisduvali* ♂, Roths. — Deux exemplaires ♂♂, grandeur naturelle; n° 5, en dessus;
n° 6 vu en dessous.

Pl. XVIII

Fig. 7. — *Xyleutes Roisduvali* ♀, Roths. — Un exemplaire ♀ de grande taille où la maculature brune des ailes a presque entièrement disparu.

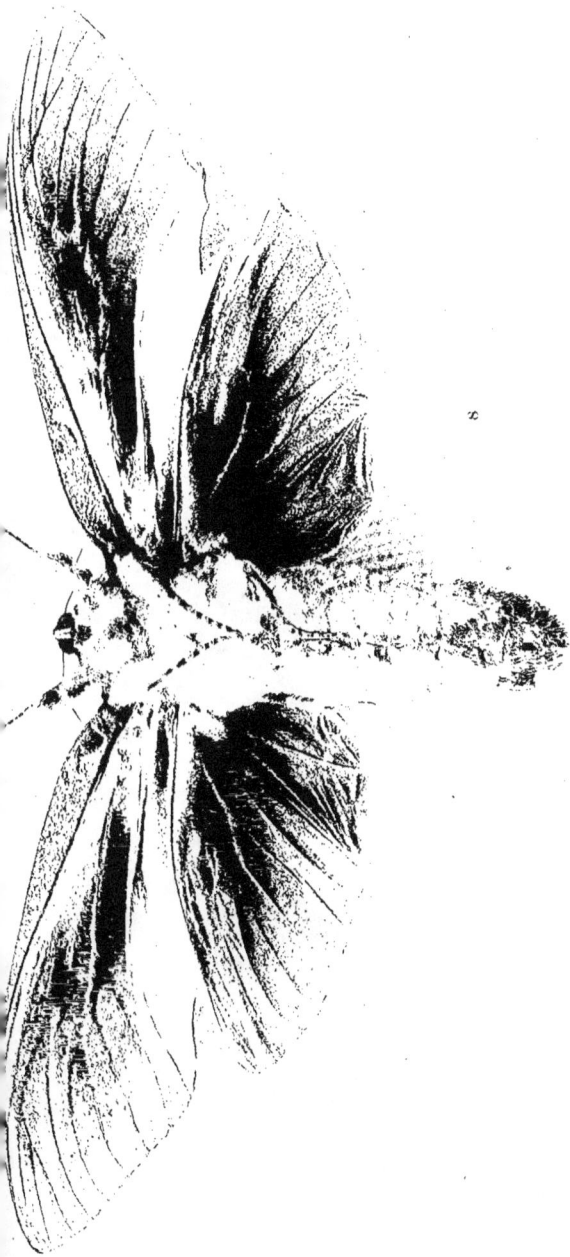

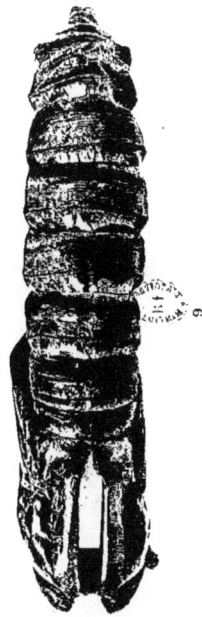

Fig. 8. — *Nytentes boisduvali* ♂ Roths. vu en dessous. — Le plus grand exemplaire connu de cette belle espèce. 24 centimètres d'envergure.
Fig. 9. — Chrysalide de *Nytentes boisduvali* Roths., vue du côté dorsal. — Grandeur naturelle.

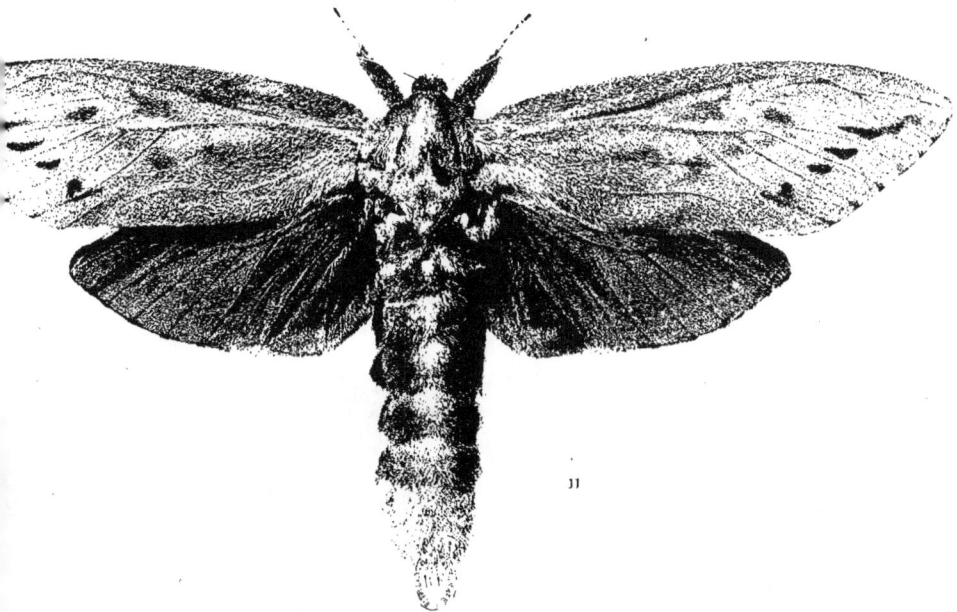

G. 10 et 11. — *Xyleutes affinis*, Roths., ♂ et ♀. — Grand. nat. — La maculature caractéristique des ailes antérieures est bien développée.

FIG. 12. — *Xyleutes affinis* ♀, Roths. — Grandeur naturelle.

3. — *Xyleutes magnifica* ♀, Roths. — Grand. nat. — Les ailes antérieures sont d'un gris uniforme en dessus, sans aucune maculature.

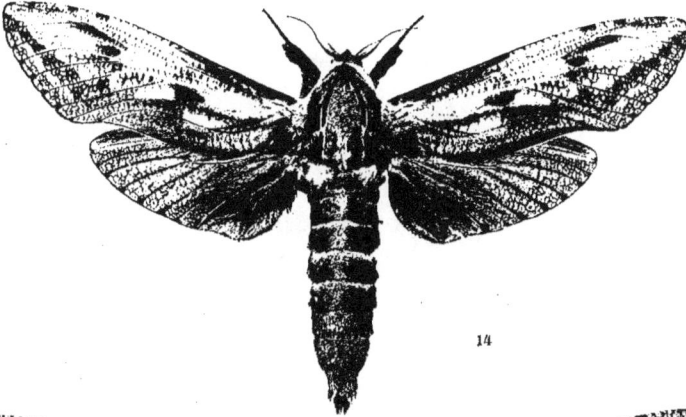

14

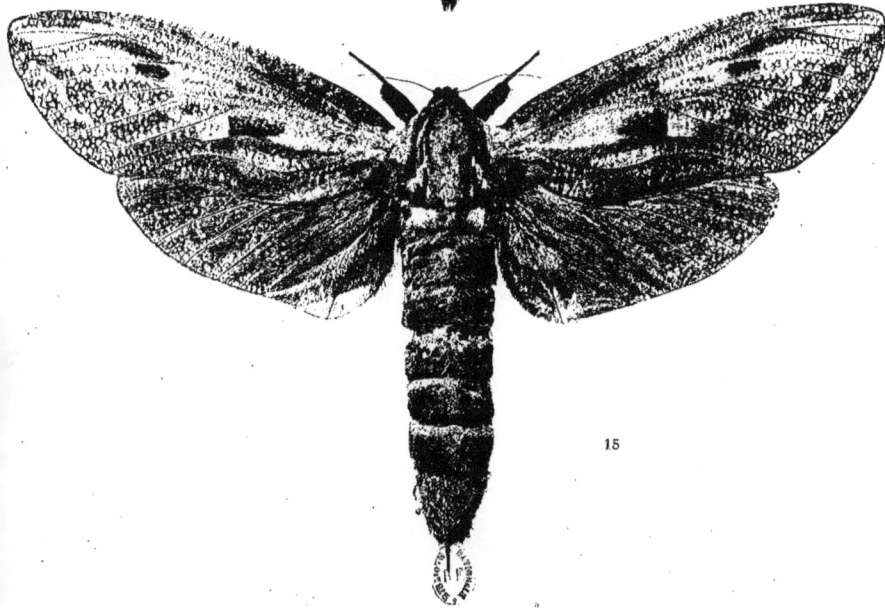

15

14 et 15. — *Xyleutes Mackeri* ♂ et ♀, Obthr. — Grand. nat. — Le réseau des lignes brunes transversales est très apparent.

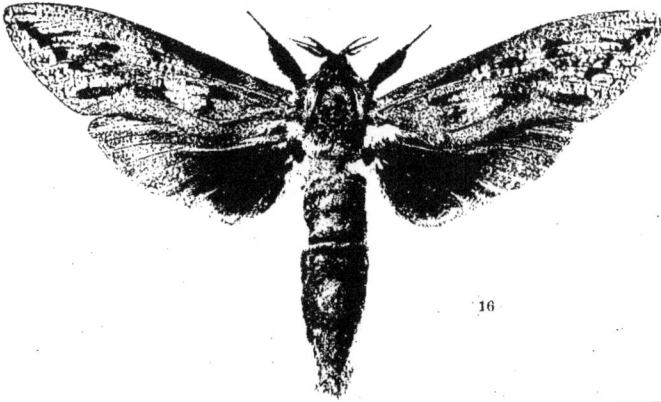

16

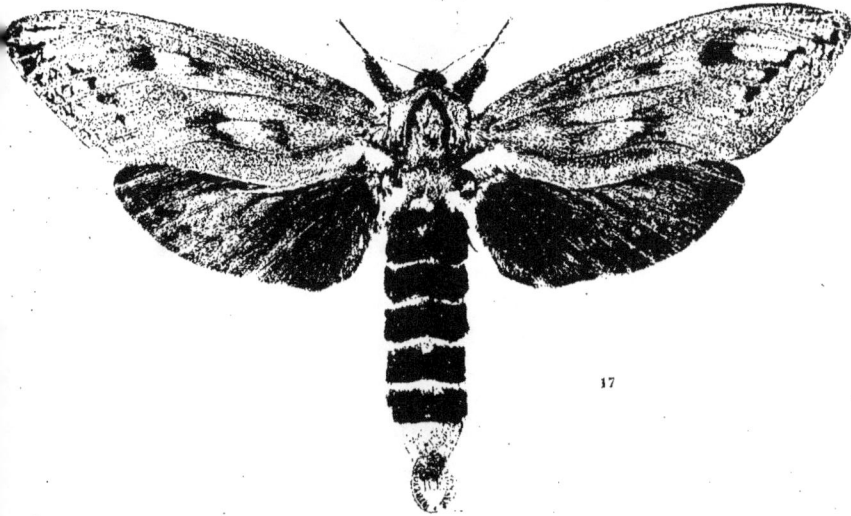

17

G. 16 et 17. — *Xyleutes Phaeocosma* ♂ et ♀, Turner. — Il convient de remarquer que, chez la ♀ (fig. 17), les taches brunes du bord des ailes antérieures laissent déjà pressentir l'arc maculaire des espèces américaines.

11

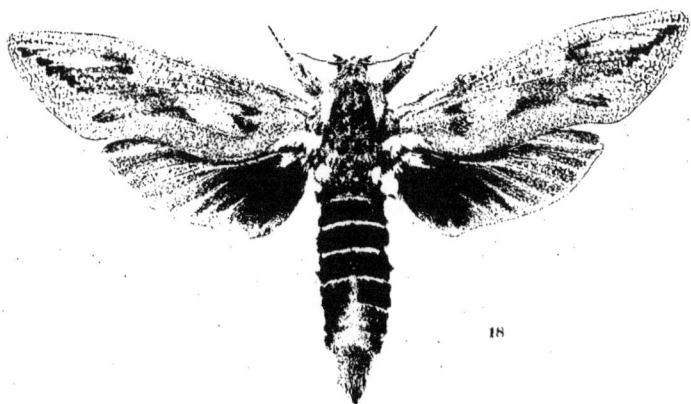

18 et 19. — *Xyleutes Phaeocosma* ♂ et ♀, Turner. — Grand. nat. — La maculature brune et le réseau de lignes transversales sont à peu près également développés.

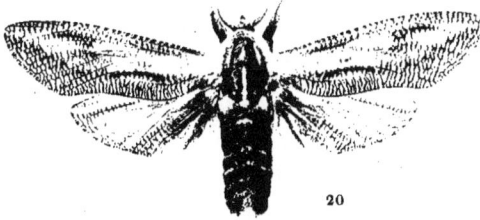

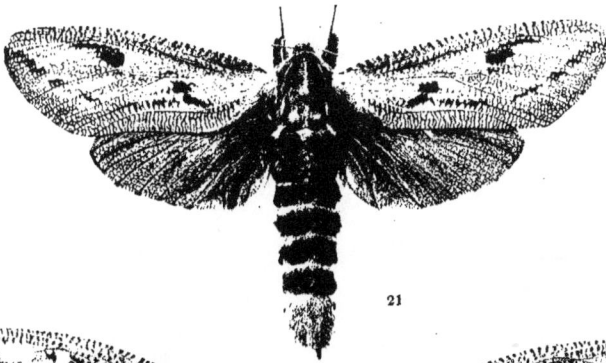

FIG. 20, 21, 22. - - *Xyleutes liturata* ♂, ♀♀, Donovan. - - Grand. nat. — Dans cette espèce, aussi bien chez les ♂♂ que chez les ♀♀, le réseau des lignes brunes transversales est très développé.

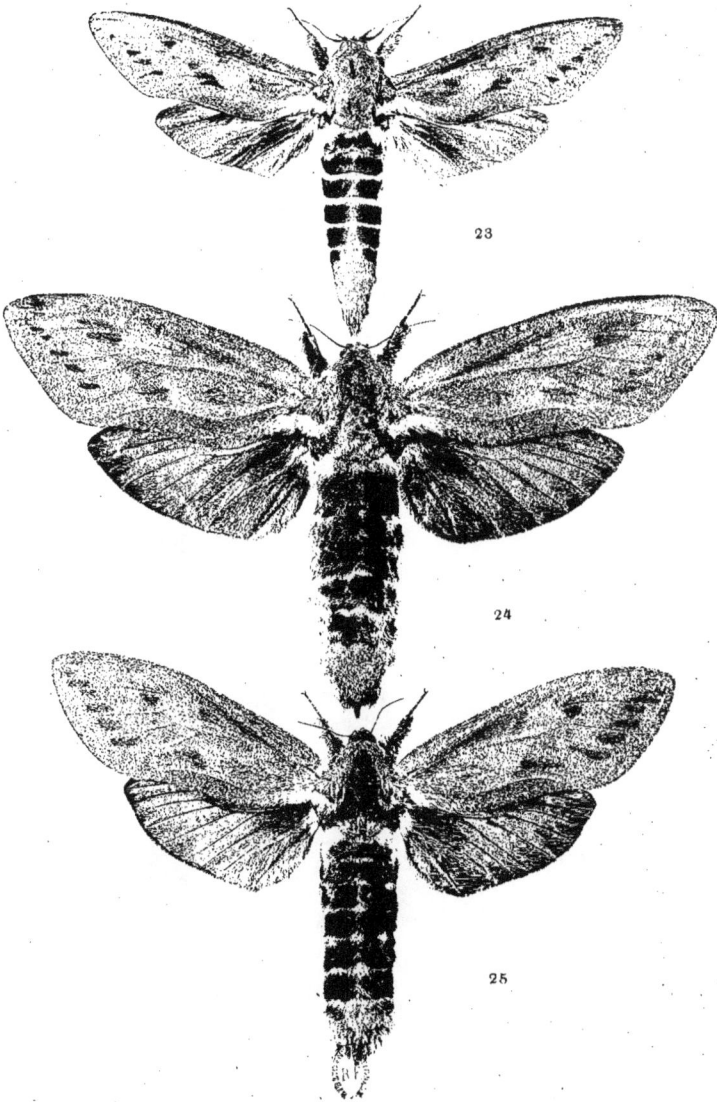

FIG. 23, 24, 25. — *Xyleutes Turneriana* ♂, ♀ ♀, Obthr. - - On pourrait peut-être considérer ces formes comme des exemplaires géants de *Sordida*.

26

27

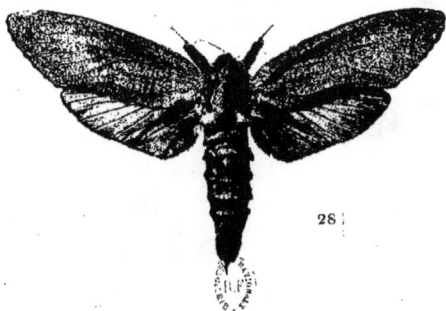

28

FIG. 26, 27. — *Xyleutes Lichenea* ♂♂, Roths. -- Grand. nat. (= *Olbia*, Turner)
(Voir les ♀♀, Planche XXXII, fig. 41, 42 et 43).
FIG. 28. — *Xyleutes Coscinota*, Turner (= *Doddi*, Rothschild). -- Grand. natur.

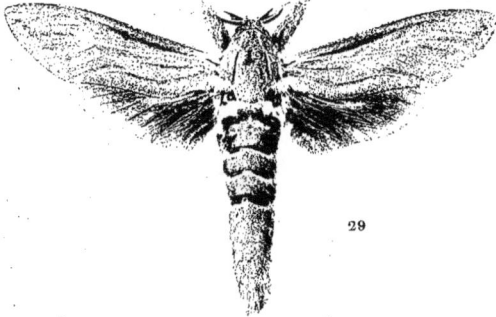

29

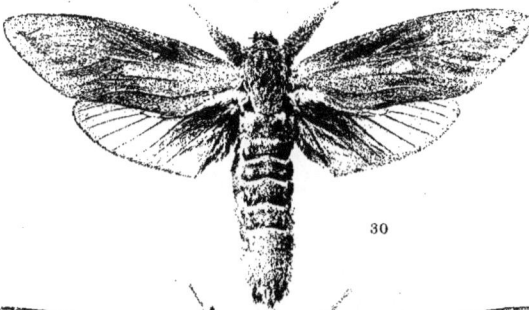

30

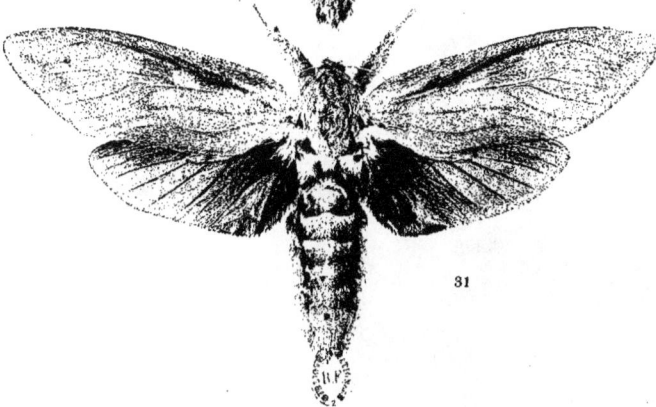

31

FIG. 29, 30, 31. — *Xyleutes Edwardsi* ♂, ♀♀, Tepp. — Grand. nat. — La maculature des ailes
antérieures rappelle celle de *X. Boisduvali*, Pl. XXI, fig. 13.

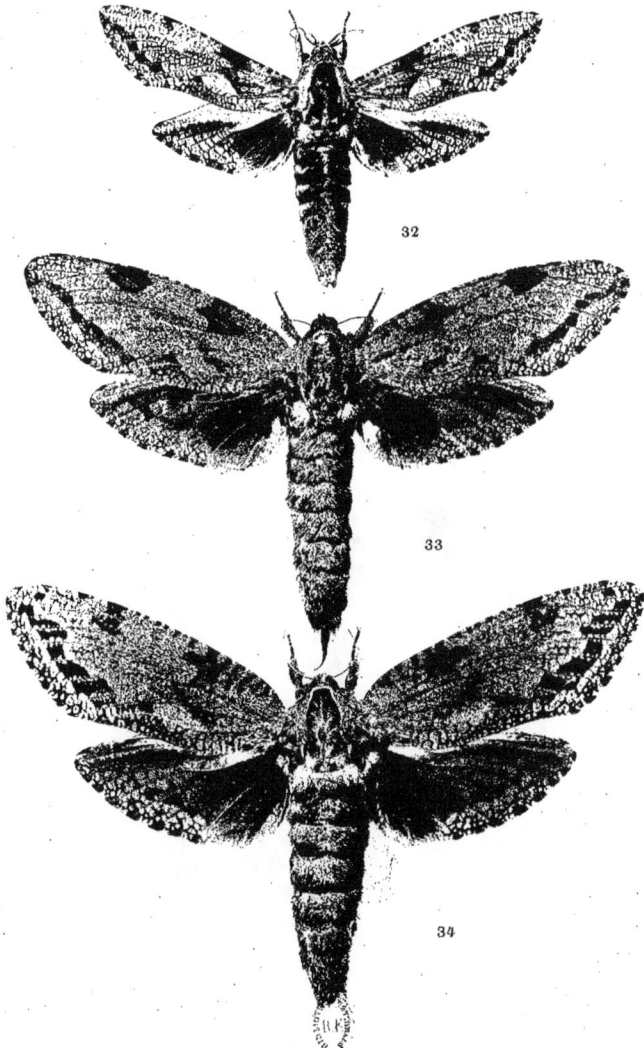

FIG. 32, 33, 34. - - *Xyleutes Donovani* ♂, ♀ ♀, Rothsch. — Grand. natur.
Maculature et réseau transversal brun très développés.

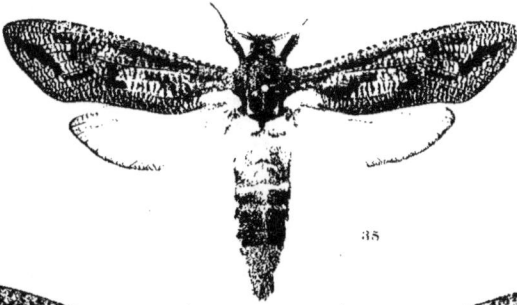

35

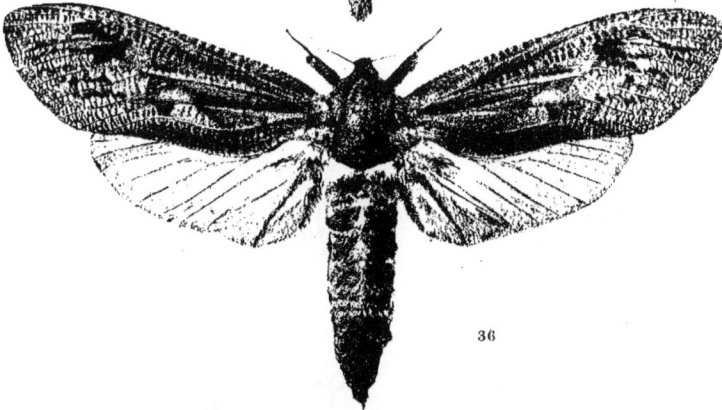

36

37

Fig. 35, 36, 37. - - *Xyleutes Tenebrifer* ♂, ♀♀, Walker. -- Grand. nat.
Ailes antérieures brunes avec réseau transversal très développé.

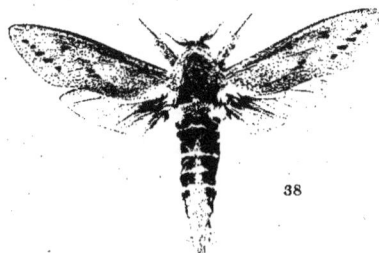

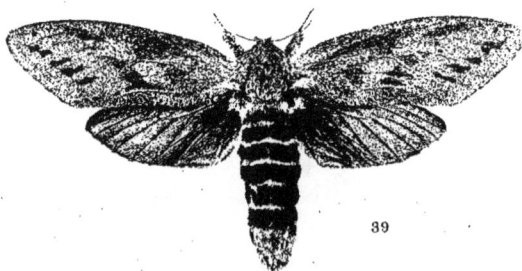

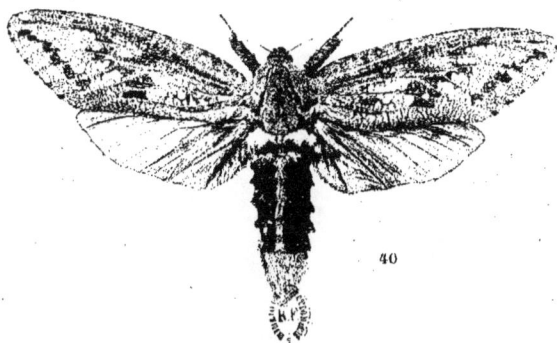

FIG. 38, 39. — *Xyleutes Sordida* ♂ et ♀, Roths. — Grand. nat.
          Formes de taille moyenne.

FIG. 40. — *Xyleutes Coscinota* ♀, Turner (= *Doddi*, Rothschild)
          (Voir Pl. XXVII, fig. 28).

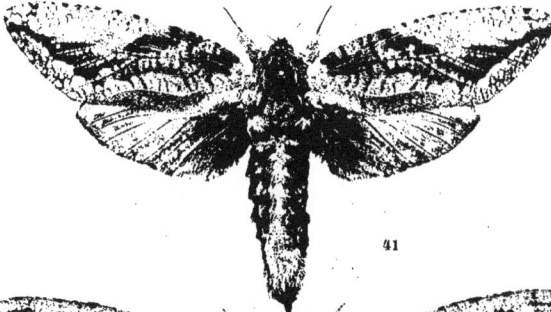

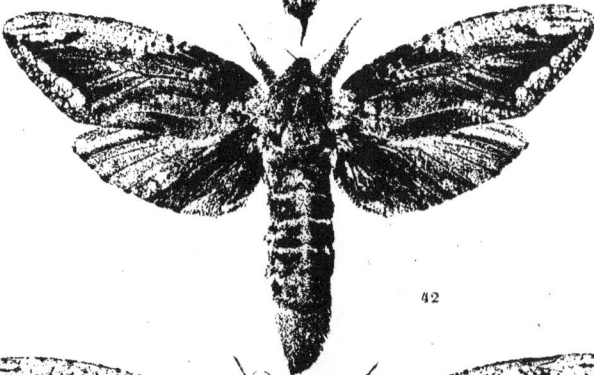

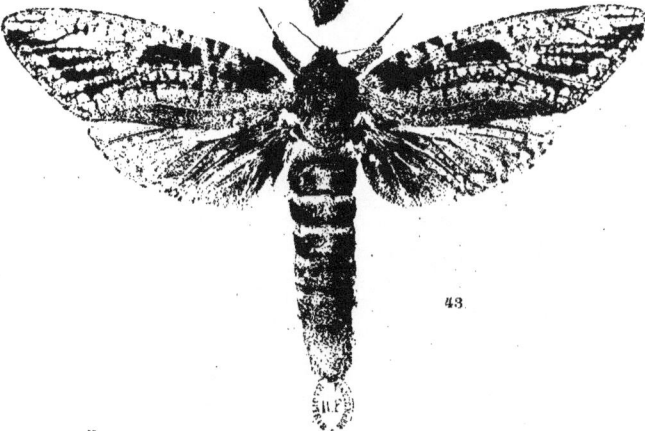

FIG. 41, 42, 43. — *Xyleutes Lichenea* ♀♀♀, Roths. — Grand. nat.
(Voir ♂♂, Pl. XXVII, fig. 26, 27).

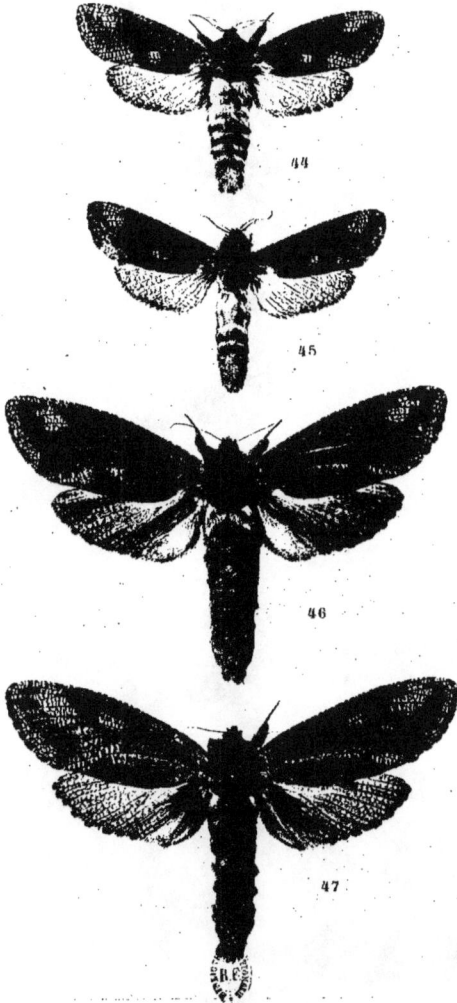

FIG. 44, 45, 46. 47. — *Xyleutes Dictyosoma* ♂♂, ♀♀, Turner.
Grandeur naturelle.

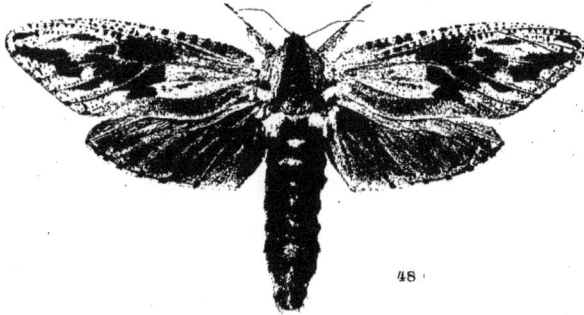

48

49

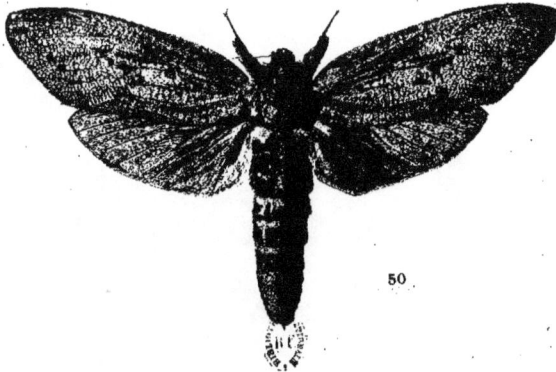

50

FIG. 48, 49. — *Xyleutes Pulchra* ♀ et ♂, Rothsch. — Grand. nat. — Exagération
des taches noires sur le disque des ailes antérieures.
FIG. 50. — *Xyleutes Coscinota*, Turner (*Doddi*, Roths.), ♀
(Voir ♀♀, n° 28, Pl. XXVII, et n° 40, Pl. XXXI).

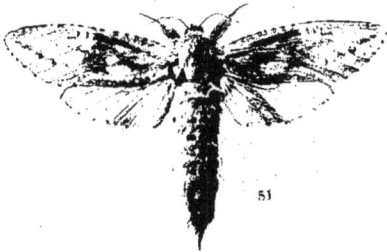

51

52

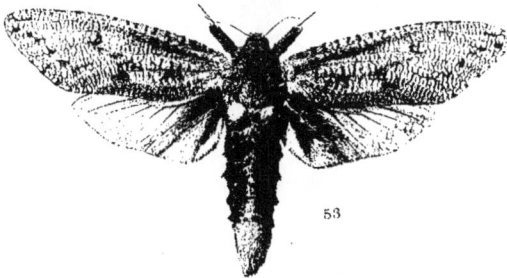

53

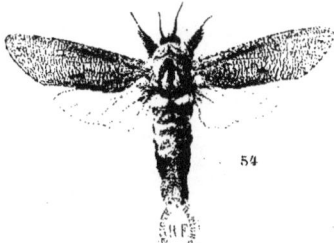

54

FIG. 51, 52. - - *Xyleutes Nephrodosma* ♂♂, Turn. - - Grand. nat.
FIG. 53, 54. --- *Xyleutes Coscinota*, Turner. -   Grand. nat. (= *Doddi*, Rothsch.),
♀ (nᵒ 53), ♂ (nᵒ 54) (Voir nᵒˢ 28, 40 et 50).

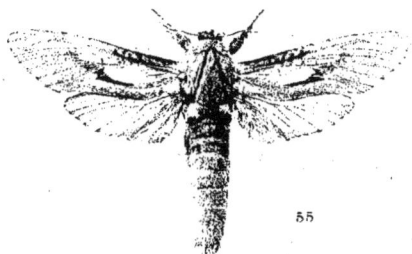

55

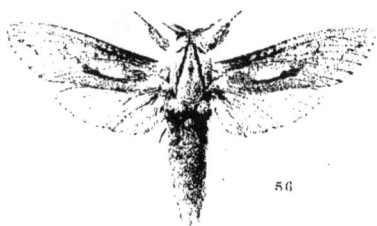

56

57

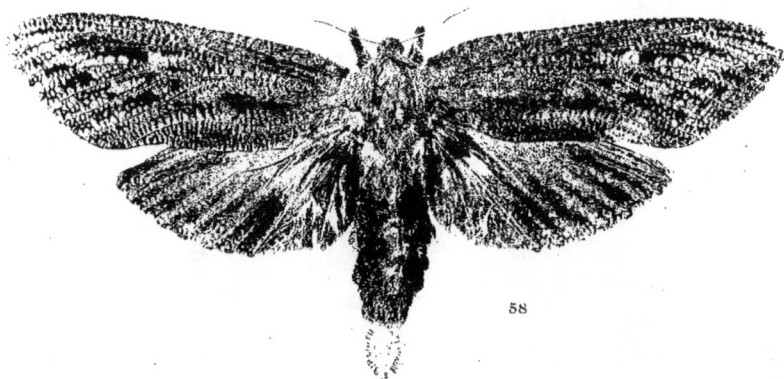

58

FIG. 55. 56. — *Xyleutes Striga* ♂♂. Rothsch. - - Deux exemplaires de petite taille, grandeur naturelle.
FIG. 57. - - Chenille de *Xyleutes Striga*, Rothsch. — Grand. nat.
FIG. 58. — *Xyleutes d'Urvillei* ♀, Herr.-Schaeff. (*typicum specimen*). - - Grand. nat.

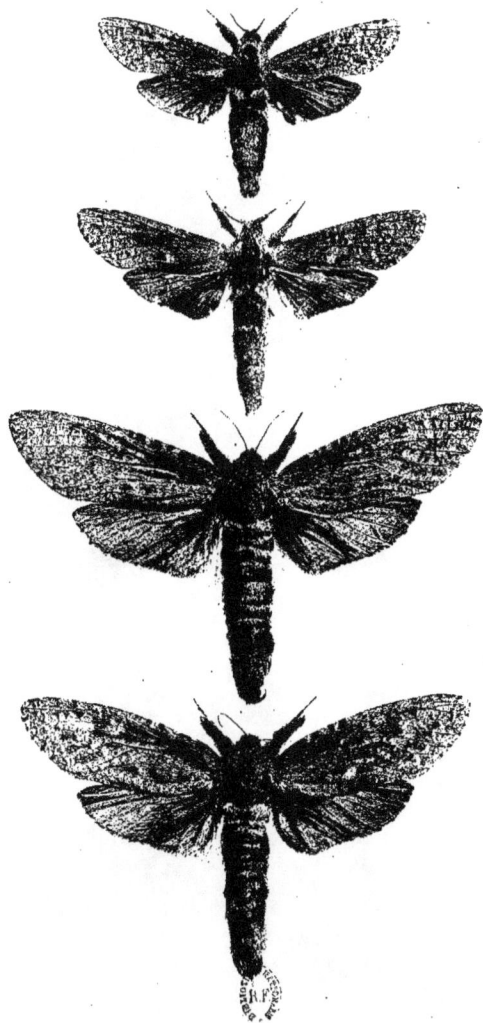

FIG. 58 *bis.* -- *Xyleutes Houlberti* ♂♂, ♀♀, Obthr. -- Grand. nat. — Quatre exemplaires d'une morphe de taille moyenne voisine de *Coscinota.*

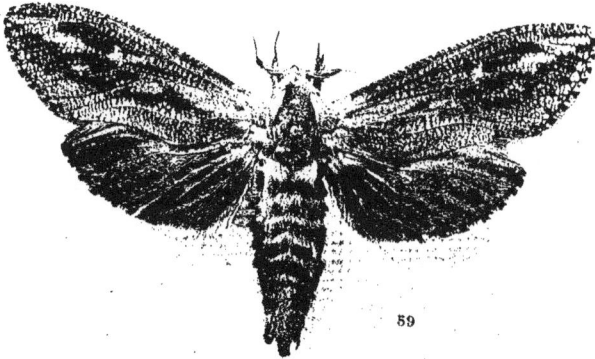

59

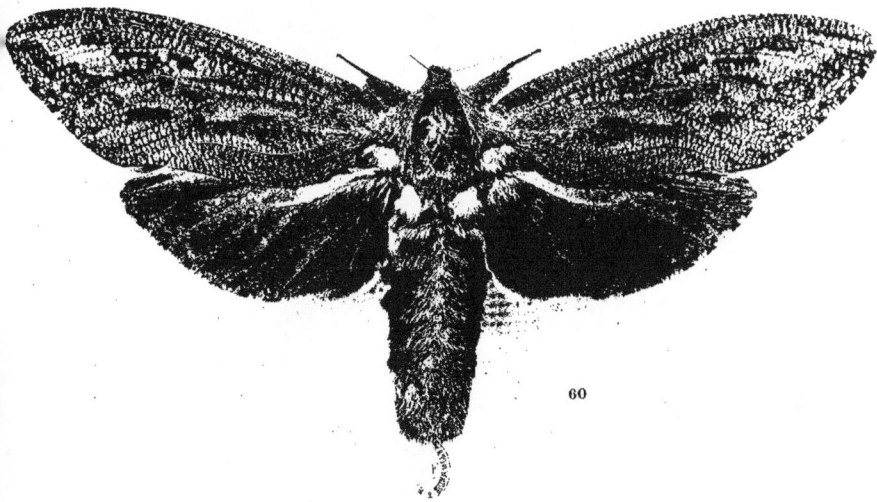

60

Fig. 59. 60. - - *Xyleutes Eucalypti* ♂, ♀, Herr.-Schaeff. (= *d'Urvillei*, Herr.-Schaeff.). — Grand. nat.
Dans cette espèce, les ailes antérieures sont très brunes et rappellent un peu *Tenebrifer*.

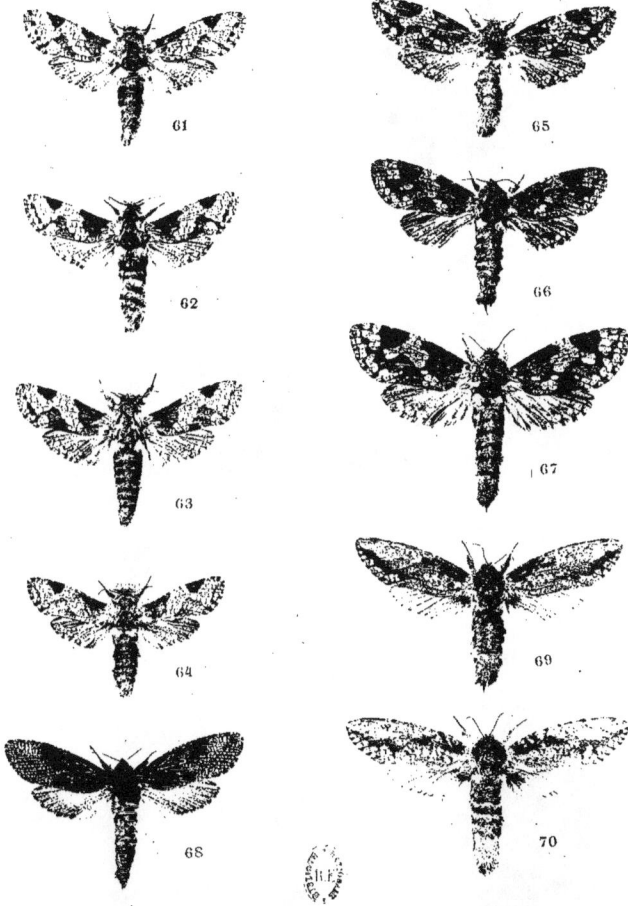

FIG. 61, 62, 63, 64, 65, 66. 67. - - *Xyleutes Polyploca*, ♂♂♂♂, ♀♀♀, Turner.
FIG. 68. — *Xyleutes Zoplecta* ♀, Turner (An var. *Dictyosoma?*).
FIG. 69, 70. — *Xyleutes Lichenea* ♀♀, Rothsch. — Forme naine.

18

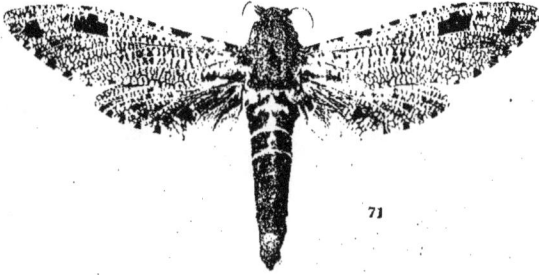

71

72

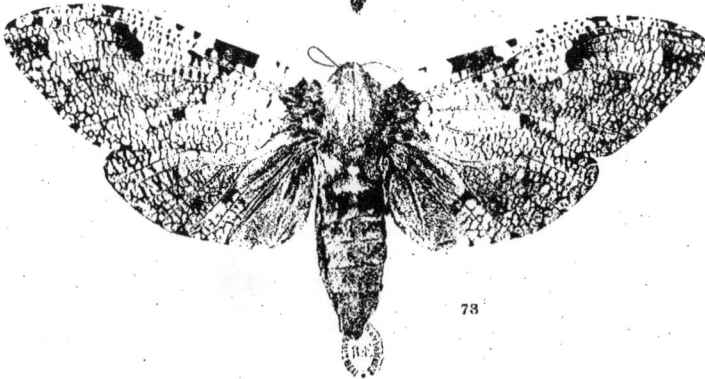

73

FIG. 71, 72, 73. — *Xyleutes Strix* ♂♂, ♀, Linn. — Grand. nat. — Comparer, au point de vué
de la maculature des ailes, le ♂ n° 71 avec *X. nebulosus* d'Australie.

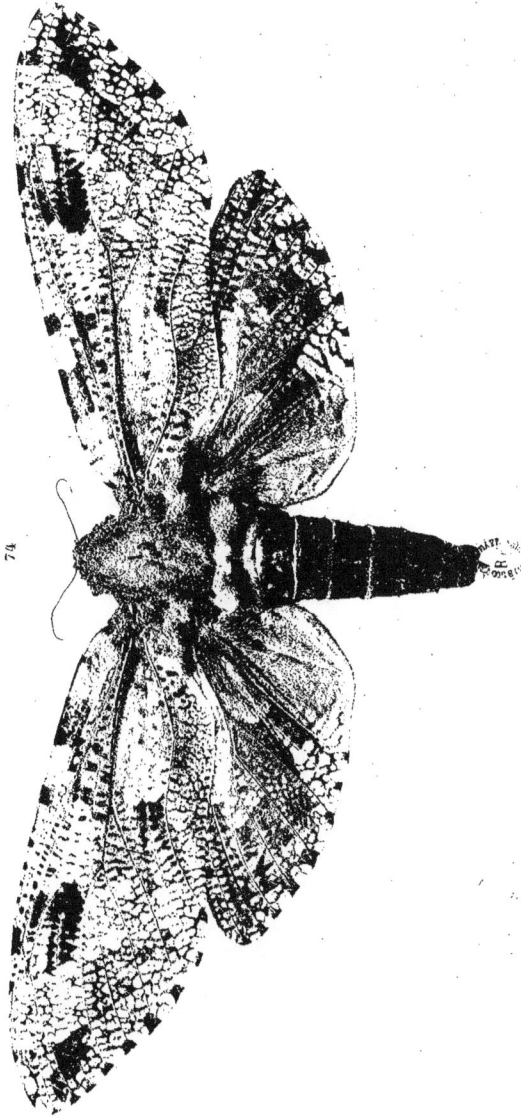

FIG. 74. — *Xyleutes Strix* ♀, Linn. — Grand. nat. — L'un des plus grands exemplaires connus de cette belle espèce ; envergure, 22 centimètres.

VI. — Sur la Distribution géographique des Xyleutes et Description de sept Espèces nouvelles

C. HOULBERT

VI. — Sur la Distribution géographique des Xyleutes
(Lép. ZEUZERIDÆ)
et Description de sept Espèces nouvelles

Par C. Houlbert,
Professeur à l'Université de Rennes.

(Planches XVII a XLI)

INTRODUCTION

La faune actuelle des Lépidoptères, cela n'est pas douteux, a été précédée, au cours des siècles passés, par d'autres faunes plus anciennes dont elle dérive; à son tour, elle prépare, pour l'avenir, les faunes qui sortiront d'elle. Le présent n'est qu'une étape dans l'évolution; et, aussi bien pour les groupements que pour les individus, nous devons reconnaître l'existence de filiations successives, destinées à assurer le renouvellement et la continuité des êtres à la surface de la Terre. C'est là du moins un témoignage qui nous est confirmé tous les jours par notre propre expérience.

On peut évidemment étudier les faunes lépidoptériques, qui vivent aujourd'hui sous nos yeux, sans tenir aucunement compte de celles qui les ont précédées, comme par exemple lorsqu'il s'agit de décrire des formes nouvelles, d'établir des Catalogues régionaux, ou de suivre les transformations ontogéniques des individus; mais, si nous voulons nous rendre compte de toutes les particularités de la faunistique et de la phylogénie, de la répartition et de la succession probable des espèces dans un district donné, il est indispensable de remonter un peu le cycle des évolutions, de jeter un coup d'œil sur les ancestralités, autrement dit d'étudier le présent à l'aide des documents du passé.

Cette méthode, nous le reconnaissons, n'est pas toujours facile à pratiquer; elle s'appuie, en général, sur d'autres sciences, auxquelles les entomologistes n'ont pas l'habitude de prêter leur attention; nous pouvons affirmer cependant qu'elle est encourageante et féconde; son attrait, en tout cas, ne le cède en rien à celui que procure l'aride et décevante recherche, toujours poursuivie et si difficilement atteinte, des identifications spécifiques.

Malheureusement, les documents paléontologiques, qui devraient être pour nous le guide le plus sûr dans ces recherches, sont en très petit nombre ou sont encore inconnus; nous sommes dès lors obligé de nous adresser à une autre catégorie de faits dont les plus importants sont ceux qui

19

concernent la distribution des Espèces à la surface du Globe et de voir, notamment, si cette distribution géographique ne présente pas quelques relations avec les modifications qui ont affecté les grandes masses continentales au cours des événements géologiques. Cette méthode, en ce qui concerne les animaux supérieurs tout au moins, a déjà conduit les géologues à des conclusions très remarquables; tout nous encourage donc à essayer d'en faire l'application à quelques groupements très spéciaux de la faune lépidoptérique. En d'autres termes, nous demanderons à la paléogéographie les renseignements que nous ne pouvons pas obtenir de la paléontologie. Les résultats que nous obtiendrons ainsi n'auront certes pas, dans les détails, la précision de ceux que nous fournirait l'étude directe des fossiles, cependant tels qu'ils sont, ces résultats ne sont pas dépourvus d'intérêt. Nous ne leur demandons qu'une vue d'ensemble, et cette vue, de la hauteur où nous l'envisagerons, on ne saurait sans parti pris, en méconnaître l'importance et la généralité.

Bien que nos connaissances soient encore très incomplètes en ce qui concerne la biologie et la répartition des *Xyleutes*, nous profitons de la contribution très importante que M. Charles Oberthür vient d'apporter à la nomenclature et à la figuration des grandes formes australiennes (1) pour essayer une ébauche de la géonémie de ce groupe.

(1) OBERTHÜR (Ch.). — *Les Xyleutes d'Australie*, p. 45 à 59 et Pl. XVII à XLI de ce travail.

PREMIÈRE PARTIE

CHAPITRE PREMIER

LIMITES NATURELLES ET BIOGÉNIE DU GENRE XYLEUTES

Le genre XYLEUTES, créé par Hübner en 1816, dans son *Verzeichniss bekannter Schmetterlinge*, p. 195, est rapporté aujourd'hui avec raison, par les auteurs, à la famille des *Zeuzeridæ*; il se compose d'espèces de taille très variable, mais ayant toutes, semble-t-il, les mêmes habitudes et le même mode de vie; leurs larves sont xylophages et vivent dans les troncs d'arbres, au sein de la substance ligneuse parfois très dure, comme par exemple *Xyleutes d'Urvillei* Herr.-Schæff., dans le tronc des Acacias en Tasmanie (1). Les Lépidoptères qui se nourrissent aux dépens des arbres sont, ordinairement, très spécialisés, en ce sens que leurs chenilles exigent, le plus souvent, une essence déterminée à l'exclusion de toute autre; les *Xyleutes* n'échappent pas à cette loi générale, résultat d'une longue adaptation; les arbres les plus divers, appartenant aux familles les plus différentes, nourrissent pour ainsi dire chacun leur espèce; c'est ainsi, par exemple, que les larves de *Xyl. Strix* ont été signalées, par Piepers et Snellen, dans le tronc des Touri (*Agati grandiflora* DC) aux îles Célèbes; M. F.-P. Dodd, en Australie, a recueilli celles qu'il a observées dans les troncs des *Eucalyptus*, des *Tristania*, des *Casuarina*, des *Grevillea*, des *Loranthus*, etc.

Quoi qu'il en soit, on doit admettre que l'adaptation endoxylique représente un caractère acquis chez les Lépidoptères; la dessiccation est, en effet, extrêmement funeste aux larves de tous les insectes; aucune ne peut vivre à l'air libre lorsque l'état hygrométrique s'abaisse au-dessous d'un certain degré. On s'explique dès lors très bien que des chenilles tout à fait nues, comme celles des *Zeuzeridæ*, qui naissent, en Australie, au début de la saison sèche, seraient très exposées à périr si elles se nourrissaient à l'air libre, soit sur les feuilles, soit sur les écorces tendres. Celles qui, au contraire, prirent de bonne heure l'habitude de se ménager un abri, sous l'écorce ou dans les parties superficielles et succulentes du bois, dans des galeries même peu profondes au début, se sont ainsi assuré, incontestablement, de plus nombreuses chances de survie. Les habitudes, transmises par l'hérédité, sont ainsi devenues l'apanage de certains groupes, mais en même temps la durée de la vie larvaire a dû s'allonger considérablement, parce que la substance ligneuse est beaucoup moins riche en matières nutritives que les tissus chlorophylliens d'origine foliaire ou corticale. Telles sont, nous semble-t-il, quelques-unes des raisons qui per-

---

(1) DODD (F.-P.). — *Notes on the great Australian Cossidæ*, p. 32 à 43 et Pl. X à XVI de ce travail.

mettent d'expliquer, à l'aide des faits, l'adaptation xylophagienne chez les Lépidoptères et l'allongement correspondant de la vie larvaire qui en est la conséquence obligatoire.

M. Dodd a signalé, en effet (*loc. cit.*, p. 33), que la durée de la vie larvaire, chez quelques *Xyleutes*, était, dans la normale de deux ans, mais que, dans certains cas, elle pouvait se prolonger jusqu'à trois années.

**
**

Le genre XYLEUTES n'a jamais été exactement défini par Hübner; le savant naturaliste d'Augsbourg ne lui consacra qu'une diagnose en quelques mots : « *Der Leib gross, am Rumpfe hinten wülstig; die Flügel schattig bandirt und zart gestriemt,* » et se contenta de citer les trois espèces connues de son temps, *Xyl. Strix* Linn., *Xyl. crassa* Drury et *Xyl. pyracmon* Cram. Cette dernière est indiquée sous le nom générique de MORPHEIS, *loc. cit.*), p. 196.

Guérin-Méneville proposa le nom de STRIGOIDES, en 1844, pour les espèces du type *leucolophus*, mais il n'essaya pas de dégager les caractères généraux.

Herrich-Schæffer, en 1844-45 (1), sous la suggestion du Dr Boisduval, employa les noms de XYRENA et d'ENDOXYLA, mais sans les justifier par des indications spéciales. Entre temps, de 1850 à 1878, les entomologistes étaient encore si peu fixés, que tous ceux qui n'adoptent pas le nom d'*Endoxyla* rapportent simplement les nouvelles espèces qu'ils décrivent aux anciens genres de Fabricius et de Latreille (*Cossus* ou *Zeuzera*).

En 1883, un nouveau vocable apparaît, Frédéric Moore, in *The Lepidoptera of Ceylon*, t. II, p. 153, propose le nom générique d'HINNÆYA, pour le *Strix* de Linné; les brèves explications qu'il donne ne peuvent pas être considérées comme une définition générique.

De nos jours même, le grand ouvrage du Dr Seitz (*Les Macrolépidoptères du Globe*, Stuttgart, 1913, in-4°), plein de négligences et d'erreurs, n'apporte pas les précisions qu'on aurait pu attendre de sa « *Kolossale* » documentation; il fait rentrer tous les *Xyleutes*, indiens et australiens, dans le genre *Duomitus* de Butler. Evidemment, les *Duomitus* sont bien des Zeuzero-Cossidæ, mais ce sont des formes tout à fait différentes des *Xyleutes*. On peut les rapprocher, admettre leurs affinités, mais les réunir, non pas!

En résumé, ainsi qu'on peut en juger par la divergence de vue des auteurs, le genre *Xyleutes* manifeste évidemment, dans la section des projugates, des affinités multiples. Par les antennes des mâles, bipectinées dans leur partie inférieure et par la nervation de leurs ailes, ils se rattachent, sans aucun doute, aux formes les plus parfaites du Genre *Zeuzera* Latr.; mais, par leur aspect général, par leur facies et par leur mode de vie, on ne peut pas non plus les éloigner des *Cossus* Fabr. (Fig. 3); on les définirait assez bien en disant que ce sont des Zeuzéridés à facies de Cossidés. On peut d'ailleurs admettre, sans trop de difficultés, que les deux tribus sont sorties d'une même souche. Le groupe des *Cossidæ* est certainement très primitif, puisque, ainsi que

---

(1) HERRICH-SCHÆFFER (Dr). — *Sammlung neuer oder wenig bekannter aussereuropäischer Schmetterlinge*, Regensburg, 1850-58, in-4°, 84 p., 120 Pl. color.

nous le verrons, les premiers hétérocères qui aient été trouvés, à l'état fossile, dans le lias de Sibérie, peuvent lui être rapportés; rien ne s'oppose d'ailleurs à ce que les descendants de l'une de ses plus anciennes formes, en s'adaptant à des conditions climatériques et à des modes de vie légèrement différents (1), n'aient pu, à la longue, donner deux branches sœurs dont les aboutissants seraient les formes actuelles; ainsi s'expliquerait pourquoi quelques espèces, parmi les *Xyleutes*, ont conservé le facies cossidien (par ex. : *Xyl. sordida*) avec la vestiture alaire et la toison des *Trypanus*, tandis qu'on trouve, chez d'autres, la maculature des *Zeuzera* (ex. : *Xyl. liturata*) et la séparation de la nervure radiale en trois branches, à partir d'un même point (Fig. 1), comme chez les plus parfaits des *Chalcidia* (Fig. 2). Les

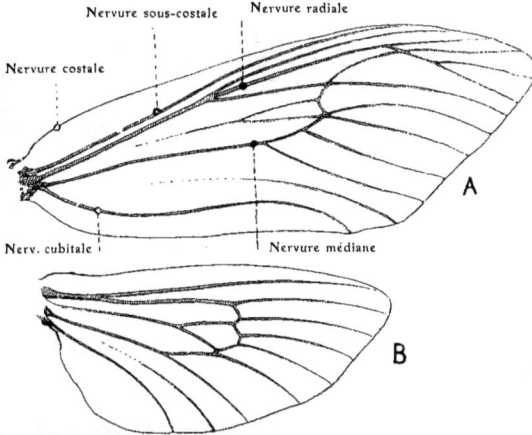

Fig. 1. — Ailes droites de *Xyleutes Boisduvali*, grandeur naturelle. A, aile supérieure montrant que les trois premiers rameaux de la nervure radiale partent d'un même point, comme chez les *Zeuzera* ; B, aile inférieure (orig.).

Xyleutes tiennent donc à la fois des deux groupes; c'est, ainsi qu'on l'exprime quelquefois, en disant que c'est l'un de ces genres par enchaînement, où l'on voit encore aujourd'hui confondus, chez un même type, des caractères qui tendent de plus en plus à se séparer et à devenir l'apanage de deux tribus distinctes.

De quelque façon d'ailleurs que nous envisagions la question, nous sommes obligés d'admettre que les *Xyleutes*, aussi bien par l'ensemble de leurs caractères anatomiques que par les particularités de leur adaptation xylophagique, se rattachent à

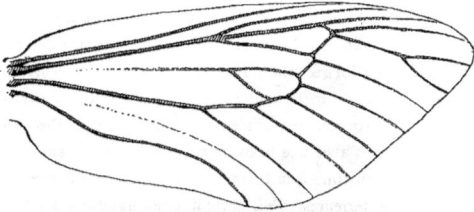

Fig. 2. — Aile supérieure de *Zeuzera indica*, un peu agrandie, pour montrer que les trois premiers rameaux de la nervure radiale partent d'un même point (d'après nature).

(1) Aujourd'hui les *Zeuzeridæ* sont répandus dans le monde entier avec une prédominance marquée dans les régions équatoriales; on trouve, de même, partout les *Cossidæ*, mais les espèces les plus nombreuses et les plus typiques appartiennent à la faune paléarctique.

des rameaux phylétiques très anciens; et, de fait, d'après Handlirsch (1), leur origine peut être recherchée dans les périodes géologiques antérieures au Jurassique moyen, probablement même jusque dans le Lias. Nous verrons, dans l'un des Chapitres qui vont suivre, comment les données de la Paléogéographie viennent confirmer ces conclusions.

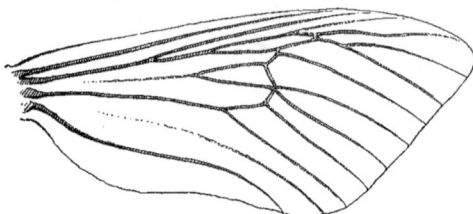

FIG. 3. — Aile supérieure droite de *Cossus ligniperda*, un peu agrandie; les trois premières ramifications de la nervure radiale ne partent pas d'un même point.

Afin d'appuyer, à l'aide d'une base entomologique, les considérations qui viennent d'être développées ci-dessus, nous croyons devoir reproduire ici la diagnose du genre *Endoxyla* (XYLEUTES) publiée en français! par le Dr H. Burmeister, dans sa *Description physique de la République Argentine*, t. V, Lépidoptères, I. part., 1878, p. 405. Malgré les incorrections de forme, cette description est très certainement la plus complète et la meilleure de toutes celles qui ont été proposées jusqu'à présent.

Genre ENDOXYLA Bd. (*Zeuzera* Walk.).

« Antennes des mâles fortement pectinées à la base, plus que la moitié terminale simple, filiforme, les articles avec de courts poils et des écailles au-dessus; ceux de la femelle entièrement sans dents et branches pectiniformes. Spiritrompe presque nulle chez le mâle, formant deux fils courts chez la femelle; palpes très courts, filiformes. Front et épistome très étroits, nus, séparant très peu les grands yeux en dessous; sommet de la tête large entièrement couvert de longs poils. Ailes antérieures avec le bord externe plus court que l'interne, l'angle terminal aigu. La branche sous-costale (2) avec trois rameaux allant à la côte et trois autres au bord externe; cellule discoïdale renfermant une petite cellule allongée-triangulaire avant la nervure recurrente, fortement anguleuse; de cette cellule sort le dernier rameau sous-costal; branche médiane divisée en quatre rameaux allant au bord externe. De cette manière, existent six cellules marginales entre les rameaux des deux branches. Ailes postérieures avec une branche costale très forte, simple et droite; la sous-costale faible à la base, intimement unie à la costale; cellule discoïdale avec une petite cellule accessoire, comme dans les ailes antérieures, d'où sortent deux rameaux au bord externe; branche médiane avec trois rameaux terminaux et un quatrième sortant de la base,

---

(1) HANDLIRSCH (A.). — *Die fossilen Insekten und die Phylogenie der rezenten Formen*, Leipzig, 1908, in-8°, 1439 p. avec un Atlas de 54 planches noires.

(2) Burmeister, à l'exemple des anciens auteurs, ne tenait pas compte de la vraie costale. Ici, en réalité la sous-costale est simple; c'est la radiale qui donne les six rameaux en question.

parallèle au premier rameau de la branche anale. Celle-ci divisée en deux rameaux presque égaux (*loc. cit.* ATLAS, Pl. XVII, fig. 13). »

« Corps et pattes très velus, tarses couverts d'écailles déclinées, leur premier article plus fort et plus long que les suivants, même plus long que le dernier, au moins, des tarses postérieurs. »

« Abdomen de la femelle pointu, terminant en tarière. »

Remarquons, en terminant, qu'il existe encore, au voisinage des genres *Cossus* et *Zeuzera*, un certain nombre de formes ambiguës dont la position systématique, dans l'état actuel de nos connaissances, est extrêmement difficile à préciser; dans bien des cas, il est pour ainsi dire impossible aux entomologistes de se mettre d'accord, rien que sur la question de nomenclature.

Pour toutes ces raisons, il serait hautement désirable qu'une bonne Monographie descriptive vînt nous fixer une fois pour toutes sur les limites du genre *Xyleutes;* il serait urgent aussi de mettre un peu d'ordre dans ce chaos d'espèces, avec lesquelles les auteurs ont fait, sans le moindre souci d'opportunité, les genres *Culama, Rethona, Degia,* etc.

CHAPITRE II

LA VARIATION DANS LES XYLEUTES

Si nous jetons un coup d'œil sur l'ensemble des espèces qui constituent actuellement le genre *Xyleutes*, nous constatons que les différences qui séparent aujourd'hui les espèces ne sont jamais très étendues; elles ne se traduisent guère, en réalité, que par la prédominance ou la disparition des taches noires sur le fond grisâtre des ailes. Or, ces faits, nous le savons, peuvent s'observer dans tous les grands groupements de Lépidoptères; ils obéissent tous aux règles de la variation, par *albinisme* et par *mélanisme*, si bien mises en évidence par M. Charles Oberthür dans les volumes XX et XXI des *Etudes d'Entomologie;* mais, comme ici l'amplitude des variations n'est pas supérieure à ce qu'on a obtenu expérimentalement dans d'autres groupes en soumettant, par exemple, des larves et des chrysalides à l'action de la chaleur ou du froid, on peut admettre que ce que nous considérons comme des modifications spécifiques chez les *Xyleutes* provient de causes analogues; autrement dit, c'est à des changements de milieu où la température aurait joué le principal rôle que nous attribuons les très faibles modifications qui permettent de passer d'une forme à l'autre, à l'intérieur des principaux groupements que nous avons été amené à envisager chez les *Xyleutes*. Il va sans dire que ces vues n'excluent, en aucune façon, les autres particularités qui ont pu, par d'autres voies, exercer leur influence sur la variation (1).

---

(1) Les conditions de nutrition ont pu, elles aussi, exercer leur influence sur la variation; mais nous savons que si la nourriture accentue, en général, l'intensité de la pigmentation, elle modifie rarement le plan fondamental du dessin sur les ailes. C'est donc la température qui exerce l'influence la plus décisive sur ce qu'on est convenu d'appeler les modifications spécifiques.

Prenons, par exemple, *Xyl. affinis* et *Xyl. Boisduvali* (Pl. XVIII et XX); ce sont deux espèces de grande taille, ayant toutes les deux, chez les ♂, les ailes inférieures d'un jaune roussâtre, de même tonalité à peu près; la différence la plus visible, la plus caractéristique, porte sur le nombre et la disposition des taches brunes aux ailes supérieures, en dessus; toutefois ces différences ne sont pas plus grandes que celles qui existent entre *Vanessa polychloros* et son aberration *testudo*, obtenue expérimentalement par Standfuss, en soumettant pendant quelques heures des chrysalides à la température -- 12° C. Tous les autres caractères étant à peu près identiques, il n'est peut-être pas déraisonnable d'admettre que *Xyl. affinis, Boisduvali* et *magnifica* ne sont que des variations mélanisantes ou albinisantes d'un même type, avec le système maculaire plus ou moins développé sous l'action des conditions différentes des milieux, et fixées ensuite par l'hérédité. Toutes ces espèces, en effet, proviennent de la même région; toutes semblent vivre à l'intérieur des mêmes végétaux et, de fait, on pourrait très bien les faire dériver toutes d'un même type qui, dans la circonstance, serait *Xyleutes Edwarsi* Tepp. (Pl. XVIII, fig. 29, 30 et 31).

On pourrait faire des observations semblables avec d'autres espèces, par exemple avec *Xyl. Strix*, des îles malaises, dont les ailes supérieures sont ornées de dessins noirs et blancs simulant une élégante marqueterie (Pl. XLI, fig. 74). L'observation directe des caractères nous conduira forcément à rattacher à cette morphe *leuconota*, de l'Inde, *leucolopha*, des Moluques, *leucopteris* et *crassa* de l'Afrique occidentale et même *Xylotriba* du Brésil; nous avons ici l'exemple d'une souche, à habitat très disloqué, mais dont les caractères fondamentaux, presque identiques, on ne peut pas le nier, sont tout à fait différents de ce que nous avons trouvé dans la souche *affinis-Boisduvali*.

Un autre groupement phylétique nous est encore donné en Australie, avec l'ensemble des formes que nous pouvons rattacher à *Xyleutes lichenea* (Pl. XXXII, fig. 41, 42, 43). Ce groupement nous paraît être l'un des plus importants et des plus primitifs, car c'est à lui que nous devrons toujours remonter lorsque nous voudrons rechercher le point de départ des migrations qui ont permis aux *Xyleutes* de coloniser la moitié du monde.

Nous ne nous étendrons pas davantage sur ce sujet et, malgré leur vraisemblance, nous n'irons pas jusqu'à admettre la certitude absolue des considérations que nous venons de développer; ce sont de simples remarques qui nous ont paru utiles à noter, afin de bien faire voir ce qu'il y a de personnel et même d'un peu conventionnel dans ce qu'on a l'habitude d'appeler *espèce* ou *variété*. Ce qui est « espèce » pour un entomologiste n'est souvent que « variété » pour un autre, et réciproquement. On pourrait certainement citer plusieurs groupes où, sans sortir des limites assignées à l'espèce, l'étendue des variations est incomparablement plus grande que tout ce que nous voyons aujourd'hui chez les *Xyleutes*; il en est d'ailleurs presque toujours ainsi dans les rameaux phylétiques anciens, où la vestiture uniforme ne permet que de très faibles variations du dessin (1).

---

(1) Par *dessin* j'entends ici le *pattern* des auteurs anglais; il n'existe pas de mot spécial, dans notre langue, pour exprimer cette idée.

Cependant nous devons reconnaître que, chez les Insectes tout au moins, le nombre des espèces est beaucoup plus grand qu'on ne l'admet généralement ; très souvent, les confusions d'*espèce* et de *variété* n'ont d'autre cause que la connaissance incomplète de tous les caractères ; on ne saurait trop rappeler, à ce propos, le cas de l'*anessa Cyanomelas* Doubl. qui, à la suite des conclusions trop hâtives de Standfuss, avait pu être envisagée comme une variété de *Vanessa Antiopa* Linné, jusqu'au jour où M. Charles Oberthür, par la description des caractères des ailes, en dessous, eut démontré que c'était une espèce parfaitement distincte et nullement une variété (*Bulletin Soc. ent. France*, 1896, pages 59 et 171).

Ces réserves étant faites, nous continuerons donc, suivant les habitudes reçues, à considérer tous les *Xyleutes* décrits jusqu'à ce jour comme des espèces distinctes ; nous nous permettrons seulement de les grouper plus étroitement, d'après leurs affinités apparentes et d'après les particularités de leur distribution, avec l'espoir de les mieux définir et d'apporter quelques clartés nouvelles à la systématique.

§ 1. — Les Xyleutes australiens

On connaissait jusqu'ici, en Australie, vingt-six espèces de *Xyleutes* ; la plupart avaient été simplement décrits, mais jamais figurés. M. Charles Oberthür, ainsi qu'on peut le voir par le travail qui précède (Pl. XVII à XLI), vient de combler très heureusement cette lacune, en même temps qu'il fait connaître trois espèces nouvelles : *Xyl. Mackeri* ; *Xyl. Turneriana* et *Xyl. Houlberti*.

Si nous comparons entre eux tous les Xyleutes australiens, nous voyons qu'on peut y reconnaître l'existence de cinq grands rameaux phylétiques bien distincts. Chez les uns, dont les types le plus purs et le plus répandus paraissent être *Xyleutes sordida* et *Xyl. affinis* (Fig. 4), les ailes antérieures sont d'un gris plus ou moins foncé avec, sur le disque, un petit nombre de taches brunes allongées, formant un dessin assez vague ; cinq ou six autres taches plus nettement limitées, disposées parallèlement au bord externe, se voient en outre dans les espaces internervuraux de la médiane et de la radiale (Fig. 4) ; d'autres fois, le disque des ailes antérieures est absolument d'un gris uniforme, sans aucune ornementation maculaire (ex. : *Xyl. Edwardsi*, Fig. 5).

FIG. 4. — Aile antérieure gauche de *Xyleutes affinis* (grandeur naturelle). Type de la nervation et de la maculature dans le premier groupe des *Xyleutes australiens.*

Les espèces à ailes antérieures sans aucune tache sont rares, nous n'avons guère observé que quelques femelles de *Xyl. Edwardsi* et le superbe *Xyl. magnifica*. Les formes normales possèdent toujours des ailes plus ou moins tachées ; et, si la maculature du disque peut s'atténuer

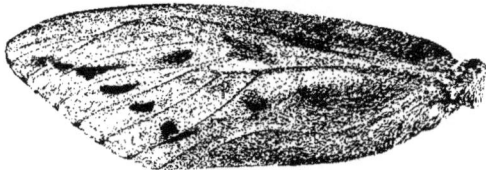

quelquefois au point de disparaître, ainsi qu'on peut l'observer chez les plus petites formes de *Xyl. Boisduvali*, en règle générale, *la rangée des taches brunes, le long du bord externe ne manque jamais*; cette particularité est, à notre avis, tout à fait caractéristique pour ce groupe de *Xyleutes* C'est aussi dans ce groupe des Xyleutes australiens que nous trouvons les plus grandes espèces du genre et vraisemblablement aussi, ainsi que nous l'ont appris les règles de la *Loi de la Taille* (1), les plus avancées en évolution : parmi les formes géantes, nous pouvons citer *Xyl. affinis* *Xyl. magnifica* (Pl. XXI, fig. 13) et *Xyl. Boisduvali*, dont l'envergure, chez certains exemplaires, atteint jusqu'à vingt-quatre centimètres (Pl. XIX, fig. 8).

Il n'y a pas, à proprement parler, de petites espèces dans cette section des Xyleutes australiens ; les plus petits exemplaires que nous ayons observés, chez *Xyleutes sordida*, ont encore sept centimètres et demi d'envergure; et, si nous notons que *Xyl. sordida* est aussi, parmi toutes les espèces, l'une de celles qui ont le mieux conservé le facies cossidien, nous sommes dès lors amené à penser qu'elle est

FIG. 5. — Ailes antérieure et postérieure gauche de *Xyleutes Edwardsi* (grand. nat.) ; pour montrer la suppression complète de la maculature dans la souche phylétique *Sordida-affinis*.

également l'une des formes les plus primitives du groupe et que toutes les autres, issues probablement des mêmes ancêtres, se sont petit à petit séparées d'elles, par des variations de très petite amplitude ne dépassant pas, ainsi que nous l'avons expliqué, ce que l'on peut obtenir expérimentalement, soit par l'action de la chaleur, soit par l'action du froid.

Ce ne sont peut-être là que de simples suggestions, auxquelles il semble d'ailleurs que l'on puisse toujours arriver, en considérant objectivement toutes les possibilités de la variation; cependant, M. Charles Oberthür, dont l'expérience, en systématique, est si pénétrante et si sûre, a bien aperçu lui aussi, et très nettement, la possibilité de ces relations lorsqu'il dit (p. 52), en parlant de *Xyl. Turneriana* que c'est probablement « une forme géante de *Sordida* ». Nous irons volontiers plus loin et, bien que la silhouette des ailes antérieures, le long du bord externe, n'ait pas tout à fait la même courbure, il suffit, à notre avis, de comparer les figures 23, Pl. XXVI; 10, Pl. XX, et 38, Pl. XXXI (pour les ♂); 24 et 25, Pl. XXVI, ainsi que les figures 12, Pl. XXI, et 39, Pl. XXXI (pour les ♀) pour voir que si *Xyl. sordida*, *Xyl. Turneriana* et *Xyl. affinis* ne sont pas des morphes absolument identiques, ce sont néanmoins des espèces issues de la même souche phylétique et se réclamant des mêmes ancêtres.

Notons encore, pour clore ce paragraphe, que ce groupe de *Xyl. sordida-affinis* ne se retrouve nulle part ailleurs en dehors de l'Australie; aucun de ses représentants n'a été rencontré

(1) HOULBERT (C.). — *La Loi de la Taille et l'Évolution des Coléoptères* (Congrès international de Zoologie. Monaco, 1913, p. 699-743).

jusqu'ici, ni en Afrique, ni dans l'Inde, ni même dans l'archipel indo-malais; il a donc évolué sur place, depuis l'époque où l'Australie s'est trouvée séparée du continent sino-sibérien. Nous aurons, dans la suite de ce travail, l'occasion de revenir sur ce point.

*

A côté de la souche *Sordida-Affinis*, nous trouvons encore, en Australie, un deuxième groupement, beaucoup plus important que le précédent, beaucoup plus varié, et comprenant toutes les espèces chez lesquelles les ailes possèdent une maculature riche à laquelle s'adjoint un réseau de lignes brunes transverses plus ou moins développé (Fig. 6 et 7). Remarquons que ce réseau de lignes brunes n'existe jamais, même à l'état d'indications, chez les espèces du groupe *Sordida*. Il y a pourtant lieu de penser que les deux groupes ne sont pas restés tout à fait indépendants l'un de l'autre dans le passé; si nous examinons, en effet, *Xyl. Phæo-*

FIG. 6. — Aile antérieure gauche de *Xyleutes liturata* (grand. nat.) ; type de la nervation et de la maculature dans le deuxième groupe des *Xyleutes* australiens.

cosma (Fig. 16 et 17, Pl. XXIII), nous trouvons en quelque sorte les caractères des deux souches réunis : d'une part, le ton gris uniforme des ailes antérieures, avec une faible maculature (Fig. 17, Pl. XXIII, ♀), d'autre part, un réseau de lignes noires transverses déjà notablement développé (Fig. 16, Pl. XXIII, ♂); *Xyl. Phæocosma* nous apparaît donc comme une espèce de liaison, dont les ancêtres, en se spécialisant dans le cours des temps, ont pu se diriger, par suppression du réseau transverse et par appauvrissement concomitant de la maculature (par une sorte d'albinisme généralisé), dans une direction qui les a conduits à la souche *sordida-affinis*; d'autres, au contraire, par la complication du réseau transverse, c'est-à-dire par une sorte de mélanisation généralisée, sont devenus le point de départ de ce que nous avons appelé la souche *Donovani-liturata* (Fig. 32 à 34, Pl. XXIX, et 20 à 22, Pl. XXV).

FIG. 7. — Ailes antérieure et postérieure gauches de *Xyleutes Donovani* (grand. nat.) ; pour montrer la coexistence du réseau transversal et de la maculature brune.

Nous trouvons également, parmi les espèces que nous rattachons à ce groupe, quelques formes ambiguës et tout à fait petites, comme par exemple *Xyl. poly-ploca*, où le faciès cossidien est encore très bien conservé; cependant ici, la forme des ailes antérieures, chez les ♂, est déjà un peu différente de ce qui existe chez les ♀; chez *Xyl. lichenea*, où il y a aussi des formes très petites à côté de formes très grandes, ce dimorphisme sexuel, fourni par les ailes antérieures, est beaucoup plus fortement accentuée (Fig. 8). L'étude

attentive de tous ces ensembles, et la comparaison des caractères fournis par la maculature
nous permet de penser qu'il faut considérer *polyploca* comme un descendant peu modifié

FIG. 8. — *Xyleutes lichenea* (grand. nat.) ; pour
montrer le dimorphisme sexuel et la maculature
des ailes antérieures. A. *Xyl. lichenea* ♂ ;
B. *Xyl. lichenea* ♀.

des formes ancestrales. Nous trouvons, en effet
chez *polyploca* et chez *Xyl. Donovani*, les deux
caractères réunis : ornementation des ailes par les
taches brunes et réseau transversal, à peu près également
développés (Fig. 7); suivant que l'un ou
l'autre de ces caractères prendra de l'importance
au cours de la variation, nous verrons apparaître
deux séries de morphes nouvelles, mais qui iront
de plus en plus en s'éloignant du plan primitif
conservé chez *polyploca*. Si ce sont les grandes
macules brunes qui se développent, alors qu'au
contraire le réseau transversal tend à se réduire,
nous aurons la série des formes qui, partant de
polyploca, nous amèneront vers *lichenea*, *nephrocosma*, *striga* et *pulchra* (Fig. 9); cette tendance
dans la variation est la plus rare. Si, au contraire,
le réseau des lignes transverses, en prenant de l'extension, devient prédominant par rapport aux
macules brunes, nous avons la série nombreuse de
morphes qui aboutissent à *Coscinota liturata*, d'U.

villei, etc. (1). Remarquons que, dans cet ordre de variation, le réseau des lignes brunes prend
toujours une importance beaucoup plus grande chez les ♂ que chez les ♀, à ce point que, chez
certains exemplaires, le réseau existe presque seul (Fig.
11, *liturata*); ce caractère s'ajoute à la modification de
forme des ailes pour accentuer le dimorphisme sexuel;
il y a donc de fait, dans ce groupe, deux sortes de dimorphisme superposés, l'un dû à la différence de forme entre
les ailes antérieures des ♂ et des ♀ (ex. : *Xyl. lichenea*,
Fig. 8), l'autre dû à la disparition presque complète de la maculature et à l'enrichissement du réseau
transverse, ce qui donne un aspect neuroptéridien tout
à fait caractéristique (ex. : *Xyl. liturata*, Fig. 11).

FIG. 9. — Aile antérieure gauche de
Xyleutes pulchra (grand. nat.). Cette
espèce présente une maculature très spé-
ciale qu'on ne peut guère comparer qu'à
celle des *Xyleutes* américains.

D'autres fois, enfin, les deux systèmes d'ornementation conservent, au cours de l'évo-

---

(1) Ces deux modes de variation ne sont pas spéciaux aux *Xyleutes*, ils s'observent d'ailleurs avec les mêmes caractères et les mêmes résultats, dans toute la famille des *Zeuseridæ*; ainsi chez *Zeus. indica*, et presque tous les *Chalcidi*
ce sont les grandes taches maculaires qui se sont développées, tandis que chez *Zeuzera regia* c'est au contraire le réseau
des lignes brunes.

lution, une égale importance et nous aboutissons alors aux formes telles que *Xyl. d'Urvillei*, *Mackeri* (Fig. 10), *Houlberti*, *Donovani*, etc.; mais toujours le dimorphisme sexuel, dû à la différence de forme des ailes antérieures, persiste.

*

A ce deuxième groupe australien, dont nous pouvons prendre le point de départ chez les ancêtres de *polyploca* et qui aboutit aux formes géantes, telles que *Phæocosma, Mackeri, Donovani*, nous devons rattacher un petit rameau dérivé sans aucun doute de la même souche phylétique, mais différencié dans une direction légèrement différente; nous voulons parler ici du petit groupe caractérisé par les ailes antérieures à coloration très brune et à réseau transversal extrêmement développé; trois espèces constituent pour nous ce petit groupement, ce sont : *Zophoplecta, Dictyosoma* et *Tenebrifer*. Toutes ont conservé, dans une certaine mesure, le facies cossidien et les mâles eux-mêmes, bien qu'ayant les ailes antérieures plus étroites, ont

FIG. 10. — *Xyleutes Mackeri*, Obthr. (grand. nat.) ; pour montrer le diphormisme sexuel déjà fortement accusé dans la forme des ailes antérieures. A. *Xyl. Mackeri*, ♂ ; B. *Xyl. Mackeri*, ♀.

leurs antennes bipectinées bien au delà du tiers inférieur. Ce groupement secondaire est ancien, il paraît localisé dans la partie méridionale du Queensland et quelques-uns de ses représentants ont dû coloniser, vers l'est, quelques-unes des îles de l'Océanie à une époque récente; ainsi pourrait s'expliquer, selon nous, la présence de *Xyl. d'Urvillei* à Tonga-Tabou, signalée depuis très longtemps par Herrich-Schæffer.

*

FIG. 11. — *Xyleutes liturata*; ailes droites (grand. nat.) ; les grandes taches brunes ont presque entièrement disparu ; seul le réseau des lignes transversales a persisté.

Nous devons, enfin, reconnaître encore, en Australie, la présence d'une forme très remarquable, dont l'habitat nous paraît assez étendu, nous voulons parler de *Xyleutes nebulosa* Donov. (Fig. 12).

A l'inverse de ce que nous avons observé pour les groupes précédents, la présence de cette espèce dans le Queensland et la Nouvelle-Galles du Sud ne peut s'expliquer que par une migration vers l'est de quelque ancêtre africain. Toutes les espèces qui présentent aujourd'hui ce caractère essentiel d'avoir, comme le dit Donovan « wings hoary with reticulating fuscous streaks and *an arch of fuscous spots* at the apex of the anterior wings » sont, en effet, originaires de la partie sud-orientale du continent africano-brésilien.

Cette morphe strigoïde, dans l'état actuel de nos connaissances, nous paraît unique et complètement isolée en Australie.

FIG. 12. — *Xyleutes nebulosa*, Don. (Reproduct. pl. 37, fig. **).
La seule espèce d'Australie jusqu'ici connue, ayant, comme les formes africaines, un arc de taches
noires dans la région apicale des ailes antérieures.

En résumé, la comparaison minutieuse des documents que nous avons pu étudier nous a conduit à reconnaître quatre groupes bien distincts parmi les Xyleutes australiens :

A. — Le 1er groupe, qui comprend *Xyl. sordida, Turneriana, affinis, Boisduvali, magnifica*, etc., renferme les formes autochtones absolument pures et tout à fait spéciales à l'Australie; étant donné l'ensemble de leurs caractères, nous proposons de constituer, avec ces espèces, le sous-genre COSSIMORPHUS = XYLEUTES str. s.

B. — Le 2e groupe, le plus riche, où nous trouvons les *Xyleutes polyploca, lichenea, Doddi, Houlberti, phæocosma, Donovani, liturata, Mackeri*, etc., possède des caractères plus cosmopolites; ce sont très probablement, ainsi que nous le verrons dans les Chapitres qui vont suivre, les ancêtres de ces espèces qui ont, petit à petit, colonisé les diverses

régions de l'hémisphère austral. Leur facies tout spécial et l'ensemble de leurs caractères permettent aussi de les réunir en un grand sous-genre, pour lequel nous proposons
le nom de DICTYOCOSSUS.

C. — Le 3° groupe, rameau phylétique issu du second, comprend *zophoplecta*, *dictyosoma*,
tenebrifer et peut-être *d'Urvillei*. A l'exception de *d'Urvillei*, c'est aussi un rameau
exclusivement australien; nous réunissons ces quatre espèces en un sous-genre sous le
nom de MELANOCOSSUS.

D. — Enfin, le 4° groupe renferme l'unique forme *Xyl. nebulosus*, qui doit être rattachée, ainsi
que nous le verrons dans le § 3 (p. 85), au sous-genre africain *Strigocossus*.

§ 2. — Les Xyleutes indo-malais

L'Inde et l'Archipel indo-malais ne nous fournissent à étudier que sept espèces de *Xyleutes*;
mais, celles que nous connaissons le mieux : *Xyl. Strix* et *Xyl. persona* (1) comptent parmi les
plus grandes et les plus belles. Dans toutes ces espèces, la maculature des ailes est tout à fait
caractéristique et complète-
ment différente de ce que
nous avons observé jusqu'ici
chez les Xyleutes d'Australie.
Pour résumer en quelques
mots ce point spécial de la
morphologie, nous reprodui-
sons ici la description de *Xyl.
leucolopha* donnée par Guérin-Méneville dans l'*Iconographie du Règne animal
de Cuvier*. INSECTES. Texte,

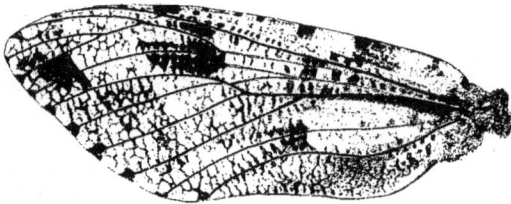

FIG. 13. — Aile antérieure gauche de *Xyleutes Strix* (grandeur naturelle), l'un
des géants de la faune indo-malaise (Voir Ch. OBERTHÜR : *Les Xyleutes
d'Australie*, Pl. XL et XLI).

p. 505. Cette description nous parait, en effet, la plus complète et la plus précise de toutes celles
qui ont été publiées sur les espèces de ce groupe.

Strigoides leucolophus. — « Corps brun avec le dessus du corselet et la base de
l'abdomen garnis d'écailles et de poils blancs, formant, aux angles antérieurs et postérieurs,
et sur la base de l'abdomen, des houppes ou crêtes blanches saillantes, composées d'écailles
portées sur un pédoncule de deux ou trois millimètres de long. Abdomen noirâtre, uniforme et
velu. Ailes brunes, couvertes de réticulations d'un brun noirâtre; les supérieures ayant de grandes

---

(1) Cette espèce est désignée, dans tous les ouvrages, même les plus récents (Seitz, *loc. cit.*, p. 418) sous le nom
de *leuconota* Walk. Or, d'après la *loi de priorité*, on doit lui restituer le nom sous lequel M. Le Guillou l'a décrite en
1841 dans la *Revue Zoologique*. Voir à ce sujet : PIEPERS et SNELLEN (*Tijdschr. voor Entomol.*, t. XLIII, 1900, p. 39)
et A. POUJADE (*Bull. de la Soc. entomol. de France*, 1903, p. 122).

taches blanches, coupées par des réticulations brunes peu marquées, le bord postérieur également blanc, ainsi que l'extrémité et quelques taches noires au milieu et près de l'extrémité. Les inférieures ont seulement un espace blanchâtre au bord postérieur, et leur base, vers le bord antérieur, est d'un brun uni un peu soyeux, à reflets jaunâtres. Le dessous des quatre ailes est d'un brun jaunâtre soyeux, avec la côte des supérieures alternativement tachée de brun et de blanc, il y a une tache blanche à l'extrémité et à l'angle inférieur, et le bord externe seul offre, ainsi qu'aux secondes, des réticulations brunes. Les antennes et les pattes sont noirâtres; les tarses ont une petite tache à la base et deux au milieu, d'un blanc pur.

Envergure : 19 centimètres.

Le *Cossus* que nous venons de décrire, ajoute Guérin-Méneville, provient d'un voyage autour du monde, dont la localité n'est pas bien précise, mais il a été pris à la Nouvelle-Guinée ou dans l'une des îles Moluques (Amboine). C'est le plus grand que l'on connaisse et il a beaucoup d'affinités avec le *Cossus Strix* de Cramer (Fig. 13). Cependant, c'est une espèce différente et tout à fait nouvelle. On sera probablement obligé de faire avec ce groupe un sous-genre que nous proposons de nommer *Strigoides*. »

*
**

Malgré l'analogie du dessin et la concordance d'un certain nombre de caractères, nous pouvons diviser les espèces indo-malais en deux groupes.

Dans le premier groupe, qui constituera pour nous le sous-genre MELANOSTRIGUS, nous rangeons la seule espèce indienne bien connue : *Xyl. persona* (Fig. 14); cette espèce se rattache certainement à celles qui, par voie de migrations, ont donné les morphes affines que nous rencontrons, soit vers l'ouest, en Afrique, comme par exemple *Xyleutes (Strigocossus) crassa* (Fig. 32), soit vers l'est, en Indo-Chine ou dans quelques-unes des îles de la Sonde. Toutes ces espèces sont caractérisées par leur facies général nettement strigoïde que nous avons signalé, mais l'espèce indienne possède, de plus, une tache blanche ovalaire située tout à fait à l'apex des ailes antérieures. On devra rechercher les espèces de ce groupe vers les îles Andaman, Nicobar et dans la presqu'île de Malacca.

Le 2⁰ groupe indo-malais paraît répandu dans toute l'Inoulinde; quelques espèces s'avancent même, vers l'est, au delà de la Nouvelle-Guinée jusqu'au petit archipel de la Nouvelle-Bretagne. Sauf *Xyl. nebulosus* Don., qu'on pourrait à la rigueur lui rattacher indirectement, on n'en connaît aucun représentant en Australie.

Les espèces les plus typiques et les mieux connues de ce groupe, qui constituera pour nous le sous-genre STRIGOMORPHUS, sont : *Xyl. Strix*, signalé par Linné dès 1758 dans le *Systema Naturæ*, p. 508; puis *Xyl. persona, Bubo, anceps, celebesa, ceramica*, etc.

La Fig. 74, Pl. XLI, ainsi que les Fig. 71, 72 et 73 de la Pl. XL, donneront une idée très nette de notre sous-genre *Strigomorphus*.

Il ne nous reste plus maintenant, pour avoir terminé la revision des espèces indo-malaises, qu'à décrire une espèce nouvelle que nous trouvons dans la collection de M. Charles Oberthür et qui provient de diverses localités de la Nouvelle-Guinée. Cette espèce nous paraît tout à fait

FIG. 14. — *Xyleutes persona* ♂ et ♀, Le Guill. (grandeur naturelle). Cette belle espèce, de la région hindoue, est un véritable *Strix* très mélanisant.

remarquable; nous l'avons appelée *Xyl. minimus* à cause de sa petite taille; et, de fait, c'est la plus petite forme que nous ayons jamais eu l'occasion d'étudier dans le genre *Xyleutes*; on ne peut, sur ce point, la comparer qu'aux exemplaires les plus réduits de *Xyl. polyploca*; cependant la silhouette des ailes antérieures n'est pas tout à fait la même et le réseau des lignes trans-

21

versales est plus fin. Quelles que soient les affinités de cette espèce, son antiquité phylétique r
saurait être douteuse.

1. **Xyleutes minimus,** sp. nov. (Fig. 15). — La coloration fondamentale des quat
ailes est le gris cendré pâle, aussi bien e
dessus qu'en dessous, à l'exception du colli
antéthoracique qui est gris brun.

Les ailes antérieures présentent deu
taches noires allongées le long du bord ant
rieur ; la première tache se trouve près de
base et s'étend, en une pointe très fine, ju
qu'au contact des épaulettes ; la seconde e
située un peu avant la région apicale ; elle
présente souvent doublée par une ligne noi
un peu plus courte s'étendant sur la nervu
radiale. Sur le reste du disque, on ne di
tingue que de petites taches blanchâtres, u
peu plus pâles que le fond, dans les maill
du réseau transversal ; seuls, les exemplair
bien imprimés permettent d'apercevoir, le lor
du bord externe des ailes, les traces d'u
maculature un peu plus foncée rappela
vaguement quelques-uns des caractères exi
tant dans le groupe australien des *Dictyoco*
sus.

Dans tous les cas, si nous rapprocho
ces remarques de ce que nous avons dit e
parlant de *Xyl. nebulosus* (p. 76), on ne pe
manquer d'être frappé de la rareté des an
logies entre la faune xyleutéenne indo-malai
et la même faune en Australie.

Nous nous efforcerons de donner l'exp
cation de ces faits dans le Chapitre qui
suivre.

Fig. 15. — *Xyleutes Minimus,* Houlb. (grand. nat.).
Cette espèce, par la disposition des taches brunes des
ailes antérieures, rappelle un peu *Maculatus* Snellen ;
ce sont les plus petits *Xyleutes* que nous ayons eu
l'occasion d'étudier.

§ 3. — Les Xyleutes africains

Nous n'avons pas l'intention d'aborder ici la revision complète des *Xyleutes* africain
nous allons nous borner à décrire quatre espèces nouvelles de la collection de M. Charles Obe

thür et à présenter quelques considérations générales sur leurs
rapports avec celles des autres
régions.

I. — MADAGASCAR.

2. **Xyleutes malgacica,** sp.
nov. — Cette espèce est de taille
moyenne; son envergure varie
entre 80 et 92 millimètres. La
tête est brune, ornée, au-dessus
des yeux, de trois élégantes houppes d'écailles noires mélangées de
jaune; antennes brunes.

Thorax allongé, rectangu-
laire, blanc dans la région des
épaulettes, d'un brun grisâtre sur
le milieu avec deux taches noires
sur les côtés, au niveau de l'in-
sertion des ailes inférieures; en
avant, le thorax est bordé par un
collier de même couleur que les
houppes frontales.

Abdomen annelé de noir et
de grisâtre, sauf le premier anneau qui est blanc en dessus avec
deux taches noires.

Ailes antérieures étroites,
allongées (Fig. 16), d'un brun
grisâtre, plus blanches le long de
leur bord antérieur qu'en arrière.
Presque tous les espaces internervuraux sont coupés de lignes
noires simulant la réticulation
transverse des Névroptères; mais,
ce n'est là qu'une apparence car

FIG. 16. — *Xyleutes (Xylocossus) malgacica* Houlb. Trois ♂♂ gr. nat.
(Coll. Ch. OBERTHÜR).

ces lignes ne correspondent à aucune nervulation véritable; elles sont tout simplement dues
à des bandelettes d'écailles noires. Il existe trois groupes de taches noires caractéristiques :

l'une allongée, le long du bord costal, rappelle, par sa situation, le stigma des Névroptères, mais ne lui est en aucune façon comparable; la deuxième est comprise entre la nervure cubitale et le pli qui sépare celle-ci de la dernière ramification de la médiane; la troisième enfin est *une bande en forme d'arc, à convexité interne*, s'étendant depuis l'angle apical jusque vers les trois quarts du bord externe (Fig. 17).

Cette troisième tache en forme d'arc est, à notre avis, caractéristique de toutes les espèces vraiment africaines; on la retrouve, en effet, chez toutes, aussi bien chez les mâles que chez les femelles, et chez des espèces qui, au premier abord, nous paraissent très éloignées les unes des autres.

FIG. 17. — Ailes de *Xyleutes (Xylocossus) malgacica* ♂ (grand. nat.) du *type africain*, avec la bande noire, arquée, caractéristique de la région apicale des antérieures.

Ailes inférieures d'un brun soyeux, sensiblement uniforme.

En dessous, le dessin des ailes, tant aux supérieures qu'aux inférieures, est envahi par la coloration brun uniforme, mais on retrouve toujours l'arc noir caractéristique à l'angle apical.

Nous ne connaissons malheureusement pas les femelles de cette gracieuse espèce; la collection de M. Charles Oberthür renferme seulement trois exemplaires ♂, recueillis par le P. Camboué, aux environs de Tananarive.

II. — AFRIQUE CONTINENTALE.

3. **Xyleutes Guillemei**, sp. nov. (Fig. 18). — Cette espèce, qui se rapproche beaucoup de *Xyl. capensis*, est d'un brun grisâtre uniforme dans toutes ses parties, sauf la région médiane thoracique qui est un peu plus foncée (Fig. 18).

Les ailes antérieures, sur l'unique exemplaire qui nous a permis de faire cette description, sont presque dépourvues de taches brunes; on voit, tout au plus, quelques pointillés noirâtres, le long du bord costal et quelques vagues macules allongées, un peu plus foncées, dirigées vers le bord externe. La réticulation brune, transversale, est beaucoup plus serrée que chez *Xyl. capensis*. Vers le milieu du bord antérieur, on distingue une tache blanche rectangulaire occupant tout l'espace compris entre la nervure costale et la subcostale.

FIG. 18. — *Xyleutes Guillemei*, Houlb. ♂ grand. nat. (Coll. Ch. OBERTHÜR).

Les ailes postérieures présentent la coloration uniforme du reste du corps, sans aucune tache brune; le dessous est d'un brun grisâtre.

La collection de M. Charles Oberthür ne renferme qu'un seul spécimen ♂ de cette espèce; c'est un exemplaire un peu usé de petite taille moyenne, ayant 69 millimètres d'envergure; on ne distingue pas sur les ailes antérieures l'arc brun caractéristique des espèces africaines; mais certains exemplaires de *capensis* nous ont présenté une particularité analogue alors que d'autres portent l'arc brun très visiblement. Le jour où l'on pourra observer des exemplaires plus nombreux et bien frais, nous ne doutons pas qu'on y retrouve le plan général des autres espèces.

Il nous est agréable de nommer cette espèce en l'honneur du R. P. Guillemé, qui la recueillit au Congo belge, dans la région de M'Pala, sur les bords du lac Tanganyika.

Fig. 19. — *Xyleutes (Strigocossus) speciosus*, Houlb., ♂, grandeur naturelle (Coll. Ch. OBERTHÜR).

4. **Xyleutes speciosus**, sp. nov. (Fig. 19). — Cette très belle espèce, d'une assez grande taille (envergure 134 millimètres), provient de la vallée du fleuve Quango, qui coule dans la région méridionale du Cameroun.

La tête est, comme toujours, très penchée en dessous et porte, à la base des antennes, une collerette blanche avec une houppe noire médiane; antennes d'un brun roussâtre. Thorax allongé, ovoïde, d'un brun roussâtre uniforme, un peu plus pâle dans la région des épaulettes; abdomen de la même couleur avec les six premiers anneaux tachés latéralement de brun.

Ailes antérieures étroites, allongées, marquées d'un joli dessin de taches brunes et blanches entremêlées; un premier groupe de taches brunes s'étend le long du bord costal depuis le tiers inférieur de l'aile jusqu'à la région apicale; vers le milieu du disque, en dessus et en dessous de la nervure cubitale, ainsi qu'entre le pli de cette dernière et le tronc radiculaire de la médiane, se voient trois taches blanches allongées, relevées de noir à leur bord interne. La tache moyenne est la plus longue; elle porte, à son bord externe, une bandelette allongée, d'un noir velouté; dans la région apicale et le long du bord externe, existe un mélange de taches brunes irrégulières et de taches blanchâtres arrondies, avec, dans les intervalles, une réticulation riche de lignes brunes. L'ensemble des taches brunes, dans la région de l'angle apical, forme encore un arc maculaire à convexité interne; toutefois, cet arc est moins régulier que dans la plupart des autres espèces africaines; on y devine une influence étrangère que nous rapporterions très volontiers à des phénomènes d'hybridation.

Ailes inférieures d'un brun soyeux uniforme, plus pâle le long des bords et dans la région de l'angle anal.

FIG. 20. — *Xyleutes (Strigocossus) leucopteris*, Houlb. (grandeur naturelle).
Cette espèce et, en réalité, un *Strix* à caractère africain, c'est-à-dire avec un arc de taches noires dans la région apicale des ailes antérieures (Coll. Ch. OBERTHÜR).

En dessous, le dessin est envahi par une coloration générale grisâtre, sauf dans la région apicale où se retrouve, un peu atténué, le réseau des taches noires et blanches qui caractérise le dessus.

Deux exemplaires ♂ existent dans la collection de M. Charles Oberthür; les femelles sont inconnues.

PROVENANCE : Quango Strom; récolté par le voyageur Major von Mechow.

5. **Xyleutes leucopteris**, sp. nov. (Fig. 20). — La région du Cameroun nous fournit encore une très belle espèce de *Xyleutes* à laquelle nous avons donné le nom de *leucopteris* pour rappeler la coloration blanchâtre des ailes (1). Nous n'avons malheureusement à notre dispo-

---

(1) Du grec : *leucos* blanc et *pteron* aile.

sition qu'une femelle d'assez grande taille (envergure 120 millimètres) ; il est probable que les mâles sont inconnus ; en ce qui nous concerne, nous n'avons jamais eu l'occasion de les étudier.

Les ailes antérieures présentent un dessin très compliqué de taches d'un brun grisâtre ou blanches où dominent deux grandes macules blanches, allongées, dans la partie médiane du disque ; la seule bande brune bien marquée est l'arc noir, à convexité interne, qui caractérise, avec une si grande fixité, tous les *Xyleutes* africains.

Ailes inférieures d'un gris pâle, possédant aussi une riche réticulation de lignes brunes internervurales.

Thorax d'un blanc grisâtre ; sur l'abdomen, le bord postérieur des segments est légèrement bordé de noir.

PROVENANCE : Johann-Albrechts-Höhe, Kamerun, récolté par L. Conradt, en 1898.

En résumé, ainsi qu'on peut s'en rendre compte, par les descriptions et par les figures qui précèdent, il existe, en Afrique, deux rameaux phylétiques de *Xyleutes* bien distincts :

A. — L'un, qui ne renferme guère que des formes de petite taille, habite principalement l'Afrique australe, Madagascar, ainsi que la partie orientale du Congo ; le type de ce premier groupement est *Xyl. capensis*. Comme nous pouvons raisonnablement y ajouter *malgacica* et *Guillemei*, nous formons ainsi un sous-genre bien homogène auquel nous attribuons le nom de XYLOCOSSUS.

B. — L'autre groupement, qui paraît exclusivement répandu dans les régions de l'Afrique occidentale situées au-dessus de l'équateur, a pour type *leucopteris*, du Cameroun. Nous lui adjoignons *Xyl. speciosus* ainsi que *Xyl. crassa*, de Sierra-Leone, et nous formons ainsi le sous-genre STRIGOCOSSUS, destiné à rappeler que les espèces de cette région ont les plus grandes analogies avec les *Strigomorphus* de l'archipel indo-malais.

Cependant, quelle que soit la légitimité de cette distinction, il ne faut pas perdre de vue que toutes les espèces, dans ces deux groupements, aussi bien chez les *Strigocossus* que chez les *Xylocossus*, possèdent toujours la tache noire arquée à l'angle apical des ailes antérieures. Ce caractère, ainsi que nous l'avons déjà dit (p. 82), constitue donc bien la marque distinctive, le cachet d'origine si l'on peut dire, de tous les *Xyleutes* africains.

Rappelons ici pour mémoire que nous n'avons trouvé ce caractère que dans une seule espèce d'Australie : *Xyl. nebulosus* Donov. ; cette coïncidence n'est pas fortuite ; elle ne saurait être attribuée non plus à un simple fait du hasard ; aucun biologiste sérieux n'admettrait cette explication simpliste.

§ 4. — Les Xyleutes américains

Aux sept espèces américaines actuellement connues, nous en ajoutons deux nouvelles. La plus remarquable, *Xyl. Oberthüri*, originaire de Huambo, est d'autant plus intéressante à étudier qu'on n'a signalé jusqu'ici aucun *Xyleutes* du Pérou.

6. **Xyleutes Oberthüri,** sp. nov. (Fig. 21). -- Nous dédions cette très belle espèce à M. Charles Oberthür, qui nous a fourni avec tant de bienveillance les éléments de ce travail.

Mâle. -- Tête noire, avec une houppe de poils blancs dans la région frontale, entre les deux antennes ; yeux bruns, très finement réticulés.

Thorax rectangulaire, allongé, couvert d'un feutrage très serré de poils blancs, mais bordé en avant d'un collier noir ; une ligne de poils noirs orne également la ligne médiane du thorax et se prolonge, en s'élargissant un peu, jusque sur le premier segment abdominal ; les segments abdominaux 2 et 3 sont blancs en dessus dans leur milieu, tandis que les segments 4 à 8 portent seulement des macules allongées dont la continuité dessine une ligne continue à la partie supérieure de l'abdomen. Sur les côtés et en dessous, l'abdomen est d'un brun cendré.

Les ailes antérieures sont étroites et d'un tiers environ plus longues que les inférieures ; leur bord externe est très oblique ; elles portent un ensemble de taches brunes, nettement limitées, dont les plus importantes forment une bande noire, brisée, disposée dans le sens du grand axe de l'aile (envergure 90-105 millimètres) ; la Fig 24 a pour but de bien mettre ce caractère en évidence.

Les ailes inférieures sont triangulaires, arrondies ; leur base et le disque sont irrégulièrement rembrunis. Aux supérieures comme aux inférieures, presque toutes les nervures se terminent, le long du bord externe, par une petite tache noire. On trouve, en dessous, le même dessin qu'en dessus, mais les contours des macules sont moins nets.

Pattes recouvertes d'une longue pubescence d'un brun uniforme, sauf les tarses qui sont

FIG. 21. *Xyleutes (Neocossus) Oberthüri,* Houlb. Douu ♂♂, grand. natur. (Coll. Ch. OBERTHÜR).

élégamment annelés de noir et de blanc, leur dernier article est terminé par deux griffes recourbées.

Femelles (Fig. 22). — Les femelles sont plus grandes que les mâles (envergure 120 à

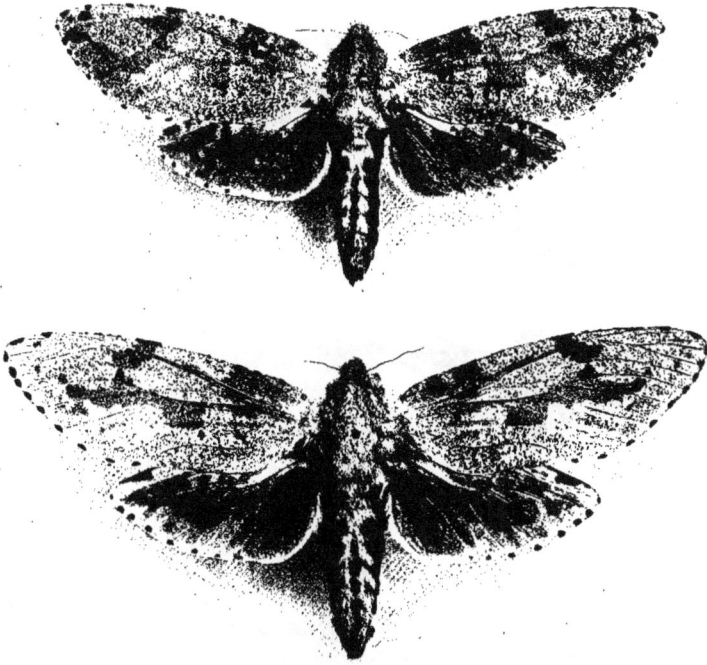

Fig. 22. — *Xyleutes (Neocossus) Oberthüri*, Roulb. Deux ♀♀, grandeur naturelle
(Coll. Ch. Oberthür).

140 millim.), plus trapues et à première vue si peu conformes qu'on serait tenté de les rapporter à une espèce différente.

Le thorax est ovoïde, recouvert de poils blancs entremêlés d'écailles noires qui forment un piquetage très caractéristique. Les ailes antérieures sont allongées, régulièrement arrondies le

22

long du bord costal et le long du bord externe ; elles sont ornées de taches brunes et blanches, vaguement délimitées et parsemées d'un petit pointillé noir, analogue à celui du thorax.

Les ailes inférieures sont triangulaires et d'un tiers plus courtes environ que les supérieures ; elles sont presque entièrement recouvertes d'écailles enfumées formant un dessin sans régularité ; comme chez les mâles, chaque nervure est terminée, le long du bord externe, par une tache noire ovoïde.

En dessous, les ailes sont un peu plus pâles ; le dessin est le même qu'en dessus, mais plus net.

La collection de M. Charles Oberthür renferme 5 ♂♂ et 7 ♀♀ de cette belle espèce. Comme toujours, le ♂ est beaucoup plus petit que la ♀ ; sa silhouette, dans l'ensemble, est aussi beaucoup plus élancée, et ses ailes, surtout les antérieures, sont proportionnellement plus longues et beaucoup plus étroites.

7. **Xyleutes mexicana**, sp. nov. (Fig. 23). — Espèce de taille moyenne ; 69 millim. d'envergure. Tête, thorax et abdomen, recouverts de poils d'un gris fauve. Ailes d'un blanc crème, parsemées, sur le disque et sur les bords, de nombreuses taches noires élégamment distribuées ; les antérieures d'un tiers plus longues environ que les postérieures. Près de la base, tout d'abord au bord costal et ensuite sur le milieu du disque des antérieures, s'étend la tache noire brisée, caractéristique de presque tous les *Xyleutes* américains. Dans sa partie distale, cette tache semble formée d'un ensemble de macules accolées, ce qui la rend un peu plus irrégulière que chez les autres espèces. Le long du bord externe, à la terminaison des nervures, se voit une série de 10 à 12 petits points noirs, ovoïdes.

Fig. 23. — *Xyleutes (Neocossus) mexicana*, Houlb., ♂, grand. nat. (Coll. Ch. Oberthür).

Ailes postérieures à maculature moins régulière, couvertes de poils allongés dans la région du bord abdominal.

En dessous, le dessin des ailes est peu visible et la coloration grisâtre est plus uniforme qu'en dessus.

Cette espèce, d'après son étiquette, provient de Misantla, au Mexique, où elle a été capturée, en 1912, par Gugelmann ; sa présence dans cette région ne peut s'expliquer que par une migration postérieure à la fermeture de l'isthme de Panama, c'est-à-dire vers le milieu du pliocène.

La femelle est inconnue.

Si nous examinons maintenant comparativement les *Xyleutes* américains, non seulement ceux que nous venons de décrire, mais tous ceux qui ont été décrits antérieurement à notre travail (à l'exception de *Xylotriba* du Brésil), nous constatons que tous, principalement les mâles, portent, sur le disque des ailes antérieures, la tache brune allongée que nous avons signalée chez *Xyl. Oberthüri* (Fig. 24). Cette tache s'étend depuis la base jusqu'à la partie distale de l'aile; près de la racine, elle suit d'abord le bord costal; une autre tache, dans la région discoïdale lui fait suite et se termine, au bord externe, par 3 ou 4 macules alignées obliquement.

Tous les *Xyleutes* américains, nous le répétons, possèdent ce caractère plus ou moins accentué, même ceux chez qui (comme *Xyl. strigillata*) le facies cossidien s'est conservé avec le plus de pureté; nous les rangeons tous, à l'exception de *Xylotriba*, dans le sous-genre NEOCOSSUS.

Chez les femelles, nous trouvons un aspect général un peu différent, mais aussi presque toujours le même; toutes ont la marge des ailes antérieures régulièrement arrondie en avant; les taches brunes forment un dessin vague, sur fond grisâtre piqueté de noir. Il existe le plus souvent, dans les deux sexes, une petite tache noire rectangulaire le long du bord costal analogue, mais nullement équivalente au point de vue morphologique, à celle que l'on désigne sous le nom de *stigma* chez les Névroptères.

FIG. 24. — Ailes de *Xyleutes* (*Neocossus*) *Oberthüri* ♂ (grand. nat.) du *type américain*, avec la tache noire allongée, caractéristique de la surface du disque des antérieures.

Xyleutes xylotriba (Fig. 33 et 34) s'éloigne assez notablement du facies normal, mais il se rattache très nettement néanmoins à *Xyleutes crassa*, de l'Afrique occidentale; c'est donc, sans aucun doute, sur le continent américain, un représentant isolé du sous-genre *Strigocossus.* Cette remarque doit être retenue, elle trouvera bientôt son application.

DEUXIÈME PARTIE

CHAPITRE III

GÉONÉMIE GÉNÉRALE DES XYLEUTES

L'étude comparative des *Xyleutes*, dans les différentes parties du monde, telles que nous venons de la faire, soulève une foule de problèmes, dont la solution ne peut manquer de retenir l'attention du biologiste : problèmes d'origines (*migrations*), problèmes d'affinités, problèmes de variation, sous la dépendance de facteurs encore malheureusement trop peu connus, mais parmi lesquels l'hérédité et l'influence du milieu jouent certainement des rôles importants.

Notons, sur un planisphère schématique, suivant la méthode moderne, les différents points du globe où l'on a jusqu'ici rencontré des *Xyleutes* (Pl. XLII, Fig. 25), un fait capital apparaît de suite, qui s'impose et ne peut pas être contesté, c'est que toutes les espèces actuellement connues sont cantonnées dans une zone sensiblement parallèle à l'équateur, depuis l'Australasie, à l'est, jusqu'en Amérique, vers l'ouest, en passant par l'Afrique et le sud de l'Inde. Il en résulte que, sans même nous astreindre à tenir compte des affinités, ainsi que nous l'avons fait, on est forcé d'admettre l'existence de plusieurs groupements indépendants (*Xyleutes australiens, indo-malais, africains, américains*), séparés par des obstacles absolument infranchissables, et ne pouvant par conséquent plus avoir, de nos jours, aucuns rapports les uns avec les autres.

Tout se passe donc comme s'il y avait une relation directe entre la configuration actuelle des continents et la distribution géographique des *Xyleutes* à la surface du Globe.

Certains entomologistes, convaincus qu'on ne peut pas aller plus loin dans la recherche des origines, se borneront à cette constatation ; nous ne les critiquons pas ; chacun est libre d'imposer des limites à sa curiosité. D'autres, plus imprudents et trop téméraires peut-être, chercheront à expliquer les faits en faisant appel aux progrès des autres sciences et notamment aux admirables ressources que la Géologie et la Paléontologie mettent aujourd'hui à notre disposition. Nous avouons que cette dernière méthode est celle qui retient toutes nos préférences et nous considérons qu'il n'est pas illogique de poser le problème en ces termes :

1° Quelle est la valeur phylogénétique des groupements dont nous avons défini les affinités au Chapitre II et que la nature semble avoir isolés, sans aucune règle, dans les différentes parties du monde ?

2° Pouvons-nous expliquer, en ne faisant appel qu'aux motifs de filiation naturelle, pourquoi des espèces, vraisemblablement issues d'une souche primitive unique ou de quelques souches peu nombreuses, se rencontrent aujourd'hui dans des habitats si disloqués à la surface du Globe ?

3° La cohorte des *Xyleutes* est-elle monophylétique ou polyphylétique; autrement dit, y a-t-il eu, à l'origine, un seul centre de dispersion ou en a-t-il existé plusieurs ?

Les données actuelles de la géographie physique ne peuvent absolument pas nous renseigner sur ces questions; et si nous nous bornions, comme on le fait, hélas ! trop souvent, aux constatations purement statistiques qui précèdent, nous n'aurions en somme réalisé que le pointage d'un Catalogue sur une carte géographique (1). Ce procédé est cher aux entomologistes allemands; nous le leur abandonnons.

Mais si, au lieu de borner nos recherches aux temps et aux êtres actuels, nous demandons quelques lumières au passé, toutes les énigmes de la géographie zoologique, comme le dit si justement M. Haug (2), s'éclairent d'un jour nouveau.

Si l'on admet que la distribution des terres et des mers n'a pas toujours été telle que nous la voyons aujourd'hui; si l'on suppose que les climats ont évolué, comme la Terre elle-même; si l'on imagine, par exemple, « une ancienne connexion entre l'Amérique du Sud et » l'Afrique, au travers de l'Océan Atlantique actuel, » alors « on ne peut plus s'étonner de cons- » tater des affinités entre les faunes des deux continents. Si l'on admet que l'Indoustan, les » Seychelles et Madagascar sont les débris d'un vieux continent qui se trouvait sur l'empla- » cement de l'Océan Indien, on saisit la cause des relations fauniques entre ces pays aujour- » d'hui séparés (3). Si l'on suppose que l'Australie a été isolée de l'Ancien Continent à une » époque où les Mammifères placentaires n'avaient pas encore fait leur apparition en Asie, » on comprend qu'en Australie se soient perpétués, sans se modifier, beaucoup des êtres de » l'époque secondaire qui n'avaient pas à lutter contre des nouveaux venus mieux organisés. » Alors, oui, vraiment, si nous admettons ces connexions, tout s'éclaire ! La distribution géogra- phique actuelle des *Xyleutes*, émergeant de son obscurité, va se dérouler à nos yeux comme une suite d'événements naturels, s'expliquant les uns par les autres, et logiquement enchaînés.

D'ailleurs, à notre avis, tous les problèmes de la géographie zoologique quels qu'ils soient n'ont aucun sens, et leur étude ne peut conduire à aucun résultat pratique, si on les aborde sans le secours de la géographie ancienne. C'est à ce point de vue que nous nous sommes placés pour dégager les conclusions qui vont suivre; nous allons donc tâcher d'exposer en quelques mots, en les appliquant au fur et à mesure au cas des *Xyleutes*, les principes les plus généraux de la

---

(1) PAGENSTECHER (Dʳ Arn.). — *Die geographische Verbreitung der Schmetterlinge*, Iéna, 1909, 1 vol. in-8°, 451 pp.

(2) HAUG (E.). — *Traité de Géologie*, 1ʳᵉ partie, Phénomènes géologiques, Paris, 1911, p. 44-45.

(3) Ces constatations s'appliquent, nous le reconnaissons, aux animaux supérieurs, Mammifères et Oiseaux surtout. Nous persistons à croire, nous, que si elles ne paraissent aussi nettes en ce qui concerne les Insectes, c'est qu'on n'a entrepris jusqu'ici aucun travail d'ensemble sur ce sujet. Le grand ouvrage de Pagenstecher lui-même est mal conçu, parce qu'il ne fait appel, en aucun cas, aux données de la Paléogéographie.

Paléogéographie, d'après les grands travaux de Neumayr (1), de M. de Lapparent (2), d'Emile Haug (3), de Dépéret (4), etc.

CHAPITRE IV

LES XYLEUTES ET LES GRANDES ÉPOQUES GÉOLOGIQUES

Les Planches XLIII et XLIV de notre travail reproduisent, d'après les géologues les plus éminents, quelques-unes des intéressantes reconstitutions qui permettent de voir que la distribution des continents, aux époques passées, n'a pas toujours été telle que nous la connaissons aujourd'hui. Nous constatons notamment que, pendant la plus grande partie de l'ère paléozoïque et jusqu'au début des temps secondaires (*Trias*, Pl. XLIII, Fig. 26), toutes les régions où nous rencontrons aujourd'hui les *Xyleutes* : l'Australie, l'Asie péninsulaire, l'Afrique et l'Amérique du Sud, formaient, dans l'hémisphère austral, un grand continent unique, le *Continent de Gondwana* des paléographes (5), où les conditions climatériques, ainsi qu'on a pu s'en rendre compte par l'étude de la flore, présentaient sans doute une très grande uniformité.

Les *Xyleutes*, qui vivaient déjà à cete époque (*Palæocossidés*, p. 93) et qui ont eu, divers indices nous le montrent, pour centre primitif de dispersion les régions austro-malaises, ont donc pu coloniser, de proche en proche, tout ce continent ; c'est là, dans tous les cas, l'une des raisons, et, à notre avis, la meilleure, que l'on puisse invoquer pour expliquer leur présence dans des contrées aujourd'hui si éloignées les unes des autres, séparées par de vastes océans.

Il a suffi, en effet, que les espèces les plus prolifiques, au fur et à mesure qu'elles s'éloignaient de leur centre phylétique, trouvassent à leur disposition les végétaux qui convenaient à la nourriture de leurs larves et les conditions de température qui leur permettaient de s'adapter sans trop de peine à un nouveau milieu (6).

Etant donné ce que nous savons des conditions d'uniformité de la flore et des particularités de la climatologie à l'époque jurassique, on peut admettre que ces conditions se sont presque toujours trouvées remplies ; la dispersion des espèces a toujours dû se faire avec une très grande lenteur et le passage d'une étape à l'autre changeait à peine les conditions essentielles de leur régime biologique. C'est ainsi que, de nos jours encore, nous voyons des espèces introduites acci-

(1) NEUMAYR (M.). — *Erdgeschichte*, Leipzig und Wien, 2ᵉ édit., 1895.

(2) LAPPARENT (A. de). — *Traité de Géologie*, 3 vol. in-8º, Paris, 1906, 5ᵉ édit., 2015 p.

(3) HAUG (Em.). — *Traité de Géologie*, Iʳᵉ partie, Phénomènes géologiques, 538 p. ; IIᵉ partie, Périodes géologiques, Paris, 1911-1913, in-8º.

(4) DEPÉRET (Ch.). — *Les Transformations du Monde animal* (Bibl. de Philosophie scientifique, Paris, 1907, in-12º, 360 p.).

(5) Du nom d'une province de l'Inde où les couches à *Glossopteris* ont été observées pour la première fois.

(6) C'est à la Nouvelle-Guinée et en Australie que nous trouvons les plus petits Xyleutes (*X. minimus* et *X. polyploca*), en même temps que les plus grandes espèces (*X. Strix* et *X. Boisduvali*). Ce sont là, comme nous le savons, les conditions qui sont toujours réalisées dans les centres primitifs de dispersion.

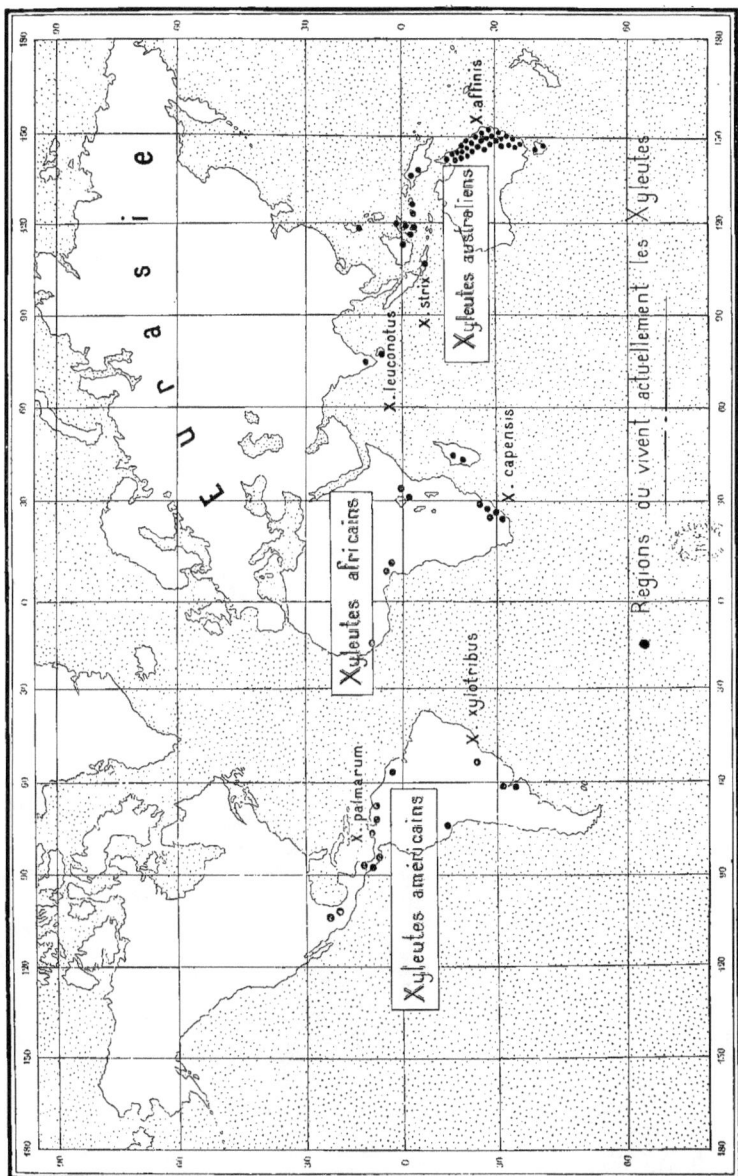

FIG. 25. — Distribution des *Xyleutes* à la surface de la Terre. — Le nombre des points noirs indique l'abondance relative des espèces ; on voit très nettement que l'Australie est la plus riche de toutes les régions du Globe.

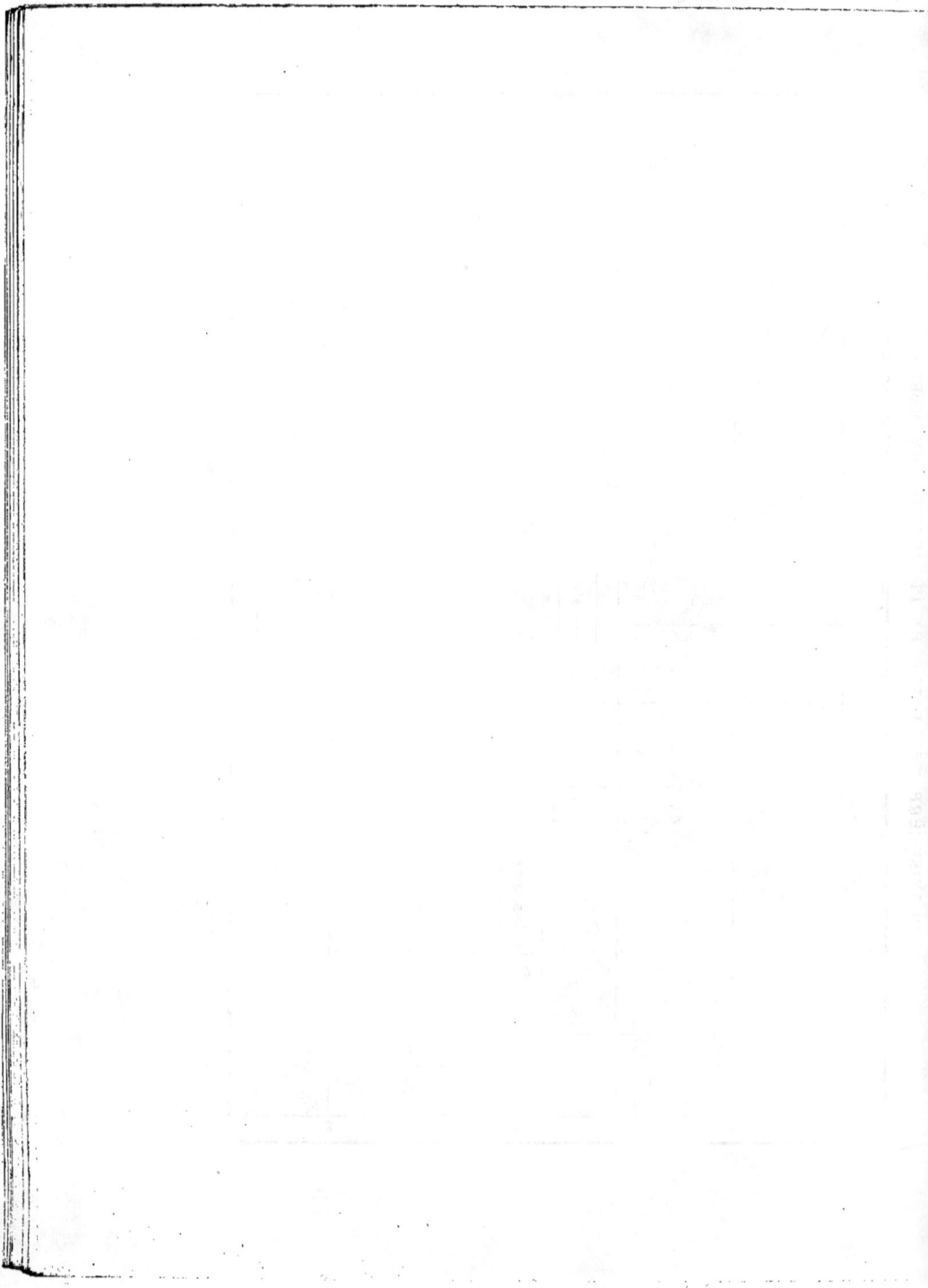

dentellement ou volontairement, coloniser de grands espaces en un temps relativement très court, ex. : les Lapins en Australie, les Chevaux en Amérique, les rongeurs muridés à la Nouvelle-Zélande.

Faisant pendant à ce Continent Sud, dont nous venons de parler (Pl. XLIII, Fig. 26), une autre grande plateforme consolidée, le Continent Nord-Atlantique et Sino-Sibérien, s'étendait au nord du premier, englobant l'Amérique septentrionale, le Groenland, la presqu'île Scandinave et la Russie; mais, comme ces deux continents étaient séparés par une large dépression marine, la *Mésogée*, première origine du géosynclinal méditerranéen, le passage de l'un à l'autre était absolument impraticable pour les animaux terrestres. Ces conditions ayant été maintenues dans toutes les époques qui suivirent et même souvent aggravées, l'expansion des *Xyleutes* fut donc pendant longtemps empêchée vers le Nord; c'est ce qui explique pourquoi on n'a trouvé jusqu'ici aucun *Xyleutes* au-dessus de 20° de latitude Nord.

Ces faits nous amènent aussi à penser que les espèces qui donnèrent naissance au genre *Xyleutes* sont fort anciennes, puisque, pour expliquer la présence actuelle de leurs descendants dans des régions aussi éloignées et aussi largement séparées que l'Australie et l'Amérique du Sud, il nous faut remonter pour le moins jusqu'au *Trias* : la dissémination des espèces n'ayant, en effet, pu se faire qu'à l'époque où le Continent de Gondwana existait encore dans toute son intégrité.

FIG. 27. — *Palæocossus jurassicus*, Oppenh., aile antérieure gauche au double de grandeur naturelle (*Berl. entom. Zeitschr.* Taf. X, fig. 4).

*
**

Les plus anciens Lépidoptères-Hétérocères dont on a retrouvé les traces dans les assises géologiques proviennent du Jurassique Moyen; la plupart appartenaient au groupe des Tinéides, ou mieux des Palæotinéides, mais la famille des *Zeuzero-Cossidæ* était déjà aussi également représentée puisqu'on a signalé *Phragmatœcites Damesi* et *Palæocossus jurassicus* Opp. (Fig. 27), dans les couches liasiques de la Sibérie orientale. Ces premiers Lépidoptères étaient de petite taille; leur abdomen était conique et très court; mais, si leurs caractères étaient assez ambigus, dans l'ensemble, on ne peut pas nier que la nervation de leurs ailes n'ait un certain rapport avec ce que nous voyons aujourd'hui chez les *Zeuzeridæ*. Cela encore nous porte à admettre que les *Xyleutes* remontent à une très haute antiquité; nous sommes donc fondés à les considérer comme un groupe très primitif, ne le cédant probablement sous ce rapport qu'aux Tinéides et aux Hépialidés.

Cependant, ces formes, si anciennes qu'elles soient, ne peuvent pas encore être considérées comme les premières qui aient apparu à la surface du globe; la réduction des ailes inférieures chez les *Xyleutes* notamment montre qu'ils appartiennent à un groupe déjà très éloigné du facies neuroptéridien (1) ; ils sont déjà si parfaits comme Lépidoptères qu'on est obligé d'admettre qu'ils ont été précédés, dans le temps, par des ancêtres plus anciens encore, moins spécialisés, ayant vécu dans le jurassique inférieur et probablement même dans le Trias ; la présence d'un frein (*frénates*) et la constitution du thorax nous montrent en outre que les *Xyleutes* se rattachent aux Protinéides plutôt qu'aux Microptérygides ; c'est là pour nous une nouvelle raison de faire remonter l'origine des *Xyleutes* vrais pour le moins jusqu'au Lias ; les documents anatomiques et les documents paléontologiques sont donc suffisamment concordants.

*
* *

Si nous examinons maintenant ce que sont devenus les deux grands continents du nord et du sud qui existaient, ainsi que nous l'avons vu, au début des temps secondaires, nous verrons que le continent de Gondwana, qui nous intéresse tout particulièrement, s'est morcelé graduellement.

A partir de l'époque liasique, on remarque qu'une première zone d'affaissement, de largeur notable, partant de la région hindoustanique, s'étend le long de la côte orientale d'Afrique dans la direction du canal de Mozambique (Pl. XLIII, Fig. 26, lignes ponctuées en croix). Ainsi s'amorce la séparation du continent de Gondwana en deux masses distinctes, qui iront en s'isolant de plus en plus (Pl. XLIV, Fig. 28) ; à l'est, le *Continent australo-indo-malgache*, à l'ouest, le *Continent africano-brésilien*. A l'époque Crétacée (Pl. XLIV, Fig. 28), la séparation de ces deux continents est complète ; il devint donc impossible aux *Xyleutes*, à partir de cette époque, de passer du continent australo-malgache en Afrique, et réciproquement ; cela nous amène à penser que la migration, vers l'Australie, des *Xyleutes* de type africain, comme par exemple *X. nebulosus* (Fig. 12), s'est faite au cours des temps jurassiques et qu'elle était un fait accompli depuis longtemps au début de l'infracrétacé.

La séparation des deux continents : *australo-indo-malgache* et *africano-brésilien*, au cours des temps secondaires, n'a pas eu pour seul résultat d'empêcher, pour l'avenir, le mélange des faunes lépidoptérologiques de l'Afrique et de l'Australasie, elle a certainement aussi introduit dans les climats et dans les flores de ces régions des modifications qui ont dû affecter un peu la faune ; ainsi s'ébauchèrent, sans doute, les premières variations importantes dans le phylum xyleutéen et, de fait, nous avons vu que tous les *Xyleutes* africains présentent un caractère commun, à savoir : la présence, dans la région apicale des ailes antérieures, d'une ligne noire arquée, à concavité externe. Une seule espèce australienne de grande taille présente ce caractère, c'est *X. nebulosus* Don. ; il n'est donc pas déraisonnable d'admettre que les ancêtres de *X. nebulosus* ont eu leur centre primitif de dispersion vers la Lémurie ; en colonisant l'Afrique, ils se sont

---

(1) Chez les *Hépialides*, au contraire, les deux paires d'ailes sont presque de même grandeur ; le vol est sautillant comme celui des Libellules, et l'on observe encore deux nervures transverses aux inférieures.

Pl. XLIII

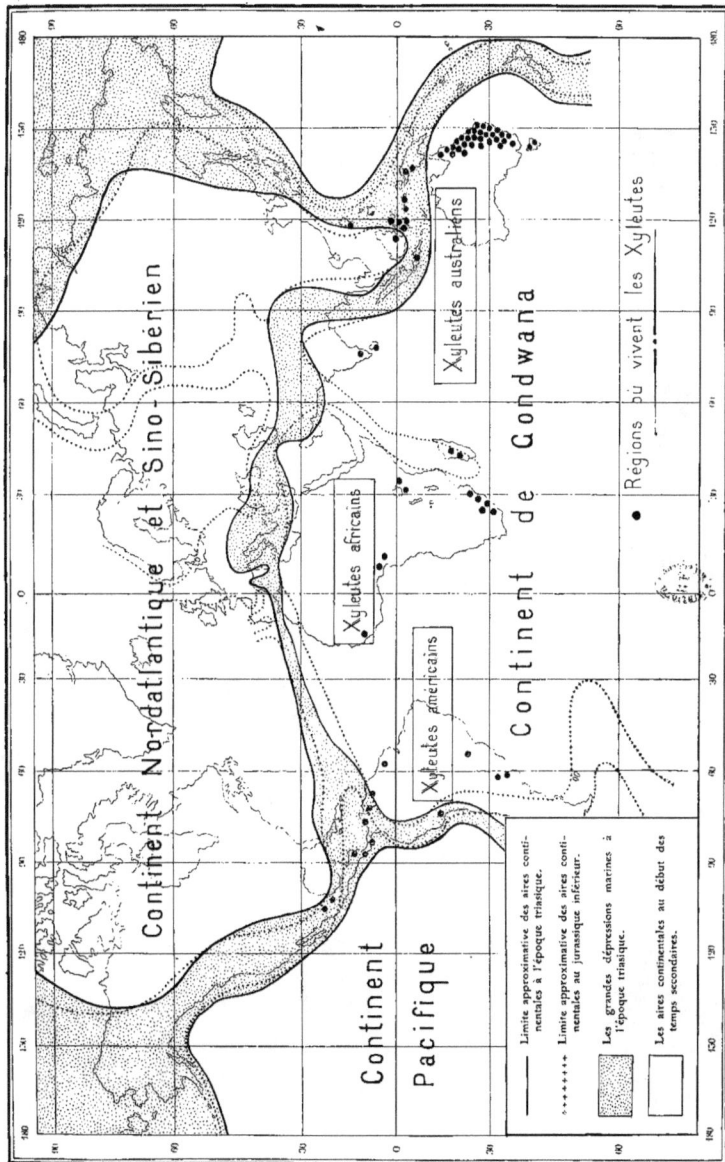

FIG. 26. — Les aires continentales et les géosynclinaux au début des temps secondaires. — Aucun obstacle n'a empêché les *Xyleutes* de coloniser tout le continent de Gondwana.

légèrement modifiés et se sont alliés aux types strigoïdes venus par l'Inde; un de leurs rameaux s'est, de bonne heure, avancé vers l'est, et ce sont ses descendants que nous retrouvons aujourd'hui en Australie sous la forme *nebulosus*.

A partir de ce moment, nous avons donc à considérer deux centres secondaires de dispersion et de variation des *Xyleutes* : le centre *indo-malgache australien* et le centre *africano-américain*. Ces deux centres, se disséminant séparément, sur des continents isolés, ne pourront plus donner aucun mélange par hybridation; ils évolueront donc chacun sous les influences particulières qui leur sont imposées par ce premier morcellement du continent de Gondwana.

Les conditions que nous venons d'indiquer semblent avoir persisté, sans modifications importantes, pendant toute la durée du jurassique, c'est-à-dire pendant un grand nombre de siècles; cependant déjà, depuis longtemps sans doute, à une époque que l'on ne saurait malheureusement préciser, mais qui était déjà réalisée à la fin du lias, un mouvement d'affaissement, en provoquant l'élargissement du détroit indo-malais, avait amené la séparation de l'Australie d'avec le continent Sino-Sibérien. A la suite de ces mouvements, qui furent toujours très lents et qui n'ont jamais affecté l'allure catastrophique, ainsi qu'on l'a cru longtemps, les sommets les plus élevés de la région restèrent seuls émergés sous forme d'îles, conservant chacun, et dès lors isolées, les formes animales qui les habitaient; c'est ainsi que se trouva constitué le grand archipel de l'Insulinde, en même temps que la Nouvelle-Guinée.

Ce changement profond eut pour résultat, cela se conçoit, une dislocation correspondante des souches xyleutéennes; toutes les relations cessèrent entre les espèces indo-malaises et les espèces australiennes, et c'est ainsi que nous pouvons nous expliquer pourquoi nous trouvons un certain nombre de *Xyleutes* spéciaux isolés dans les îles de l'archipel insulindien. Quelques-unes des plus grandes et des plus belles espèces, telles que *Xyl. Strix*, *Xyl. Bubo*, *Xyl. leucolopha*, paraissent se rencontrer dans presque toutes les îles, c'est que leur dissémination était déjà complètement ou partiellement achevée au moment de l'affaissement du seuil australien; d'autres, au contraire, sont étroitement cantonnées dans des districts relativement peu étendus, *maculata* Snell et *celebesa* par exemple aux Célèbes, *ceramica* aux Moluques.

Quoi qu'il en soit, et c'est là dans tous les cas un fait digne de remarque, tous les *Xyleutes* indo-malais sont d'un type qui ne révèle rien d'analogue en Australie; on ne peut les rattacher qu'à une très curieuse espèce *Xyl. persona*, isolée dans l'Inde et à Ceylan, ainsi qu'à la forme que nous avons nommé *leucopteris* de l'Afrique occidentale.

On doit donc admettre que toutes les formes strigoïdes indo-malaises ont eu leur centre primitif de dispersion sur un continent qui occupait la place actuelle des îles de la Sonde et de la Nouvelle-Guinée, avant la séparation de l'Australie d'avec le continent sino-sibérien.

Mais si l'Australie, ainsi que nous venons de l'indiquer, fut isolée de bonne heure avec la Tasmanie à l'état continental, Madagascar, en revanche, ainsi que le seuil des Seychelles et des Maldives, restèrent longtemps rattachés à la péninsule hindoue, sous la forme d'une longue bande de terre. Ces régions représentent aussi les débris d'un continent, qui occupait autrefois la partie ouest de l'Océan Indien. C'est sur ce continent qu'une famille de prosimiens très remarquables, les Lémuriens, moitié singes, moitié insectivores, s'est principalement développée, d'où le nom de Lémurie que les anciens zoologistes lui avaient donné.

Au Senonien, la grande transgression néocrétacée amena très probablement la séparation de l'Inde et de Madagascar, qui étaient restés en communication depuis le lias sous la forme d'une grande presqu'île allongée; toutefois, le continent malgache, qui reste exondé, englobe toujours les Mascareignes et s'étend vers le nord jusqu'aux Seychelles. Une connexion continue aussi vraisemblablement à persister du côté de l'est, vers l'Australie, car la grande faille qui donne à la côte orientale de Madagascar son aspect rectiligne est d'un âge relativement récent; or, c'est à cette faille que semble devoir être attribué le morcellement définitif de ce qui restait de l'ancien continent gondwanien; malheureusement, dans l'état actuel de nos connaissances, on

ne peut pas non plus préciser l'âge de cette dislocation; on ne voit pas à quel moment le massif australien a pu se séparer du tronçon malgache; tout ce qu'on peut dire c'est que cette séparation était un fait accompli au début des temps tertiaires.

Du côté de l'ouest, la solidité du massif africo-brésilien maintient, pendant très longtemps, la connexion entre l'Afrique et l'Amérique du Sud et, sans aucun doute, c'est à cette connexion que doivent être attribuées les analogies que

FIG. 29. — *Xyleutes (Neocossus) mexicana*, Houlb. ♂, grand. nat. (Coll. Ch. OBERTHÜR).

l'on a constatées entre les faunes sudaméricaines et celles de l'Afrique, y compris Madagascar et même l'Inde. Déjà pourtant, semble-t-il, au cours de la période mésocrétacée, lors de la grande transgression cénomanienne, on voit s'amorcer l'indice d'une séparation entre les deux continents (Pl. XLIV, Fig. 28); cette séparation ira en s'accentuant et bien que les données stratigraphiques ne permettent pas de fixer avec précision les dates de séparation de l'Afrique et de l'Amérique du Sud, il paraît raisonnable de penser que cette séparation fut définitivement réalisée au cours de la période néocrétacée, probablement à l'époque de la grande transgression senonienne.

Nous pouvons donc admettre que c'est à cette époque seulement que fut rompue la connexion qui persista en dernier lieu entre l'avancée orientale du Brésil qui se termine au cap San Roque et le saillant de l'ouest africain qui lui fait face; les îles du Cap-Vert seraient l'un des rares représentants de ce seuil brasilo-sénégalais maintenant immergé.

Des temps tertiaires nous parlerons peu, parce qu'à cette époque la spécification des grandes aires solides était déjà réalisée et que, seules, des modifications de détail s'accomplissent, grâce

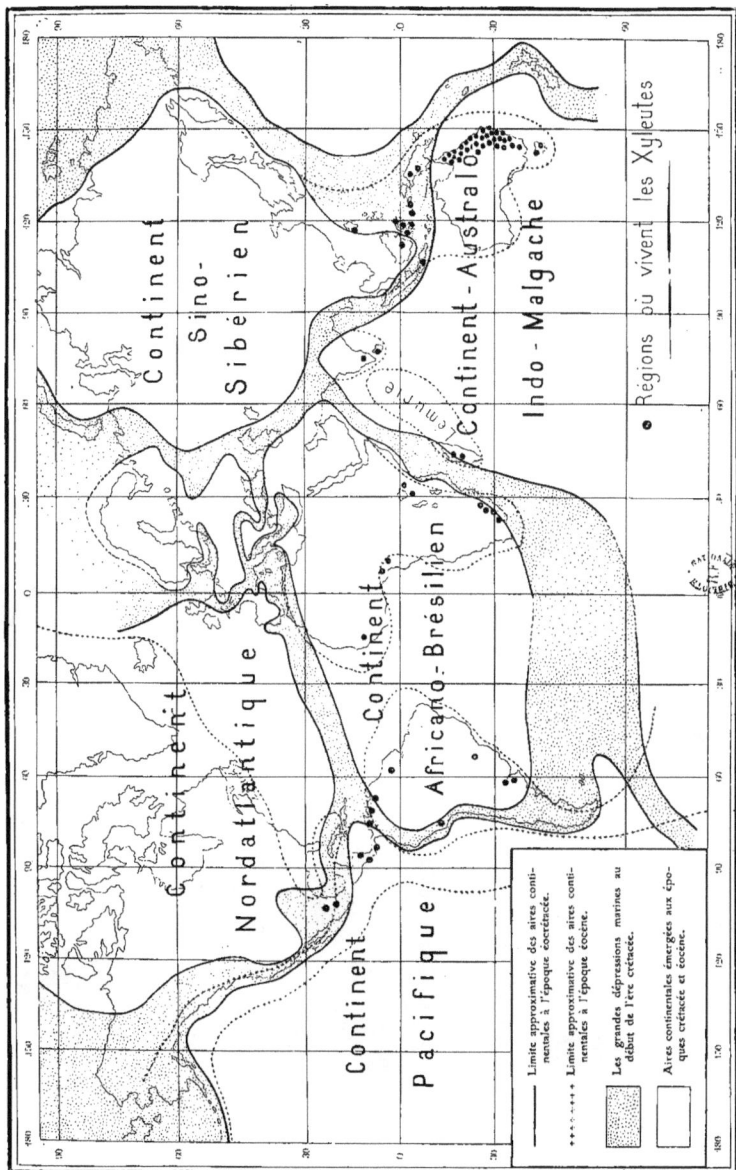

FIG. 28. — Les aires continentales et les géosynclinaux au cours des temps secondaires. — La dislocation du continent de Gondwana isole les différents groupes de *Xyleutes*.

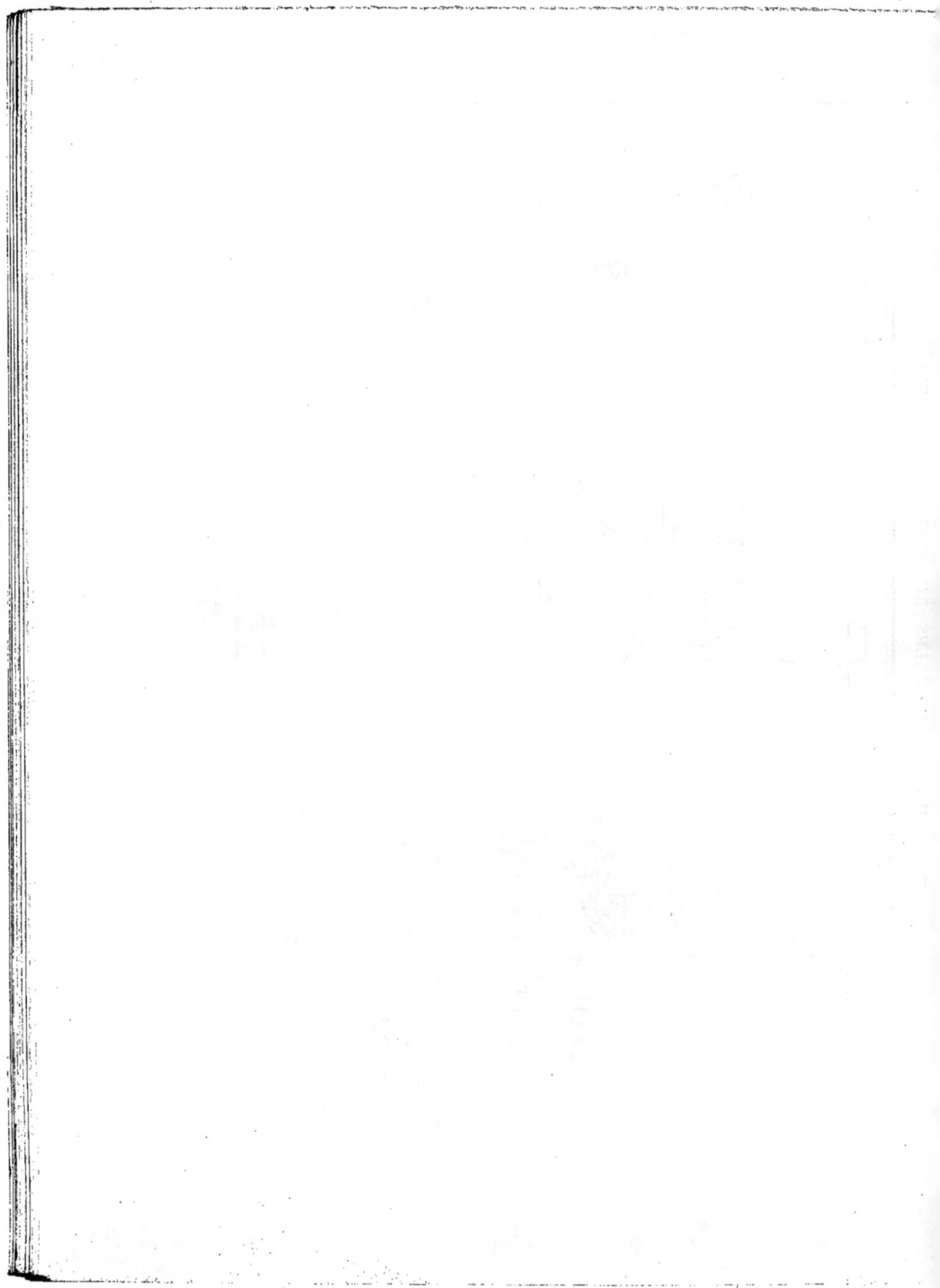

auxquelles les continents et les mers acquerront, petit à petit, leurs contours actuels; nous pouvons cependant dire, avec M. Dépéret, qu'au cours de cette période des connexions nouvelles suivies de phases de séparation s'établissent entre les noyaux anciens; on peut penser « que les animaux terrestres ont profité de ces ponts provisoires, situés entre les continents, pour disséminer au loin, par voie d'échanges réciproques, les genres et les familles jusque-là confinées dans les limites d'un même massif (1). »

Nous verrons, en effet, quelques *Xyleutes* profiter de ces ponts pour coloniser des régions qui auparavant leur avaient toujours été inaccessibles (ex. : *Xyl. mexicanus*, Fig. 29).

CHAPITRE V

LES MIGRATIONS DES XYLEUTES

Grâce aux observations qui précèdent, il ne nous paraît pas impossible maintenant d'esquisser le plan de distribution géographique des *Xyleutes* et le sens de leurs migrations au cours des époques géologiques.

À l'époque triasique, lorsque le Continent de Gondwana possédait encore toute son intégrité, les *Xyleutes*, dont l'Australie paraît être le berceau, purent se répandre librement vers l'ouest, parce que, de ce côté-là, aucun obstacle ne gênait leur dispersion. Il semble toutefois qu'un certain nombre de formes ont manqué, dès l'origine, de toute faculté d'expansion, soient qu'elles aient éprouvé des difficultés insurmontables pour s'adapter à de nouvelles conditions d'existence, soit que déjà, étroitement spécialisées au point de vue de la nourriture, elles n'aient trouvé que sur place, en Australie même, les plantes recherchées par leurs chenilles. C'est ainsi, par exemple, que la grande morphe *Affinis* et toutes les belles espèces qui s'y rattachent, *Boisduvali*, *magnifica*, etc., ont certainement évolué sur place; aucune d'elles n'a quitté l'Australie; et, de fait, on ne les retrouve nulle part ailleurs en dehors d'une bande forestière assez étroite, ne s'écartant guère au delà de 40 milles des côtes, dans la région de ce qu'on appelle les Alpes australiennes.

A côté de cette souche antique, sorte de noblesse indigène, rivée en quelque sorte au sol australien, nous trouvons une autre souche beaucoup plus nombreuse, beaucoup plus variée dans ses aspects extérieurs, beaucoup moins exigeante au point de vue de l'alimentation, dont les ancêtres ont dû facilement se disséminer de proche en proche et, petit à petit, coloniser le Continent de Gondwana jusqu'à ses confins les plus reculés; c'est la souche qui nous semble avoir pour centre phylétique *Xyl. lichenea*.

Sans entrer dans des détails qui allongeraient inutilement ce travail, nous pensons que les ancêtres de *Lichenea* se sont répandus vers l'ouest, surtout dans les parties centrales et méri-

---

(1) Dépéret (Ch.), *loc. cit.*, p. 321.

dionales du continent de Gondwana, au cours des époques triasiques et liasiques. Ils sont ainsi parvenus jusque dans l'Amérique du Sud, en laissant toutefois sur leur passage la petite tribu qui colonisa la Lémurie, et de laquelle ont dû sortir tous les *Xyleutes* qui habitent aujourd'hui Madagascar et l'Afrique australe.

Si nous comparons, en effet, toutes les formes femelles de *Lichenea* que nous connaissons (Pl. XXXII, Fig. 41, 42, 43) et surtout la Fig. 70 de la Pl. XXXIX, à *Xyleutes cognatus* (Fig. 30) de l'Amérique centrale et à *palmarum* du Brésil (Fig. 36), on ne peut se défendre de trouver une certaine analogie dans la disposition des taches noires sur le

FIG. 30. — *Xyleutes (Neocossus) cognata*, Walker (Biolog. Central. Americ. Vol. 1, pl. 24, fig. 6), ♂, grand. natur.

disque des ailes antérieures. Nous n'irons pas jusqu'à donner cette ressemblance comme une preuve de descendance directe entre *lichenea* et *palmarum*; néanmoins, elle suffit pour que nous soyons en droit, en dernière hypothèse, de considérer la souche des *lichenea* australiens, comme l'origine ancestrale de la plupart, sinon de tous les *Xyleutes* américains.

Une telle suggestion ne présente rien d'invraisemblable; elle s'accorde au contraire très bien avec le fait déjà noté que, dans la série des Prozeuzérides australiens, *Xyl. lichenea* est l'une des rares espèces qui possèdent, à la fois, des formes de petite taille à côté de formes subgéantes, et cette particularité est, comme on le sait, l'un des caractères les plus nets que l'on puisse invoquer pour définir les formes primitives; « si aucun des grands types d'animaux, dit le savant

FIG. 31. — *Xyleutes (Neocossus) palmarum* ♂ Herr.-Schœff. gr. nat. (Coll. Ch. OBERTHÜR).

paléontologiste américain Edward Cope, n'a pu maintenir longtemps sa suprématie à travers les âges, tous ceux, en revanche, dont on connaît l'évolution paléontologique avec assez de détails, *commencent par des formes de petite taille et de chétive apparence.* »

Quoi qu'il en soit, et si l'on met à part les lointaines analogies que nous venons de signaler, les *Xyleutes* américains forment aujourd'hui un groupement absolument distinct de tout ce que nous observons dans les autres parties du monde. Les ♂, principalement, ont acquis un facies très spécial (Fig. 31) qui accuse, au plus haut degré, le dimorphisme sexuel dont nous avons déjà parlé (p. 73); quant aux ♀, elles paraissent avoir conservé davantage les caractères ancestraux (c'est là d'ailleurs un fait général chez les Insectes), c'est pourquoi nous les avons prises comme terme de comparaison avec les petites formes de la souche *lichenea*.

En résumé, deux conclusions, ici, sont possibles : 1° ou bien nous devons nous résoudre à considérer les *Xyleutes* américains du type *Oberthüri* comme des espèces autochtones, nées sur place et ayant évolué sur place, alors les *Xyleutinæ* auront une origine polyphylétique; 2° ou bien nous admettrons que leurs ancêtres sont venus d'Australie, à travers le continent de Gondwana, à une époque antérieure au jurassique moyen, et alors nous pourrons accorder aux *Xyleutes* une origine monophylétique. Les deux hypothèses peuvent également se défendre et nous avouons, pour le moment, n'avoir aucune raison de prendre parti pour l'une plutôt que pour l'autre.

⁎
⁎

L'Insulinde, ainsi que nous l'avons déjà indiqué, renferme des formes strigoïdes dans toute son étendue; or, il nous paraît impossible d'expliquer la distribution géographique actuelle de ces formes sans admettre l'existence d'un centre phylétique indépendant dans la région des îles de la Sonde à une époque où l'Australie n'était pas encore détachée du continent sino-sibérien.

Remarquons, cependant, que les *Xyleutes* de la souche des *Strix*, vers l'est, ne semblent pas avoir dépassé la Nouvelle-Guinée; vers le nord, on ne les a jamais observés au-dessus des Philippines, leur expansion, sur le continent de Gondwana, au cours des temps jurassiques, s'est donc surtout effectuée du côté de l'ouest. De ce côté, nous trouvons, en effet, leurs représentants dans toute l'étendue de la zone équatoriale. Nous les observons dans l'Inde, très peu modifiés, mais fortement mélanisants (*Xyl. persona*); au Cameroun et à Sierra-Leone (*Xyl. leucopteris* et *crassa*) (Fig. 32); enfin, jusqu'au Brésil (*Xyl. xylotriba*). Quoique modifié par l'influence des milieux et très certainement aussi par des phénomènes de croisement, comme en Afrique, partout cependant le facies *Strix* reste reconnaissable.

Cette souche, l'une des plus anciennes sans doute, ne renferme plus guère aujourd'hui que des exemplaires de grande taille; mais, comme c'est dans l'Insulinde que nous trouvons toujours les formes les plus petites et les plus nombreuses, nous admettons que le promontoire sino-malais a bien été, à l'origine, le centre primitif de leur dispersion.

Malgré le voisinage, exception faite pour *Xyl. nebulosus*, il n'y a actuellement, en Australie, aucune morphe qui soit comparable à *Strix*, même de loin; or, *Xyl. nebulosus* vient de la Lémurie; c'est un immigré; il n'a donc que des rapports indirects avec la grande souche strigoïde de Malaisie.

Que conclure de ces faits ? Peu de chose évidemment.

A notre avis, l'évolution de *Xyleutes Strix* et de ses congénères, en Malaisie, s'est faite d'une façon tout à fait indépendante de celle de tous les autres *Xyleutes* australiens.

A aucun moment il n'y a eu mélange entre les deux faunes, parce que, du fait de la Mésogée, les relations du continent sino-sibérien avec l'Australie ont toujours été très difficiles, sinon impossibles, tandis que, du côté de l'Inde et de l'Afrique, elles ont continué jusque vers la fin des temps crétacés.

***

Il ne nous reste plus, pour compléter cette vue d'ensemble, qu'à jeter un coup d'œil sur la dissémination des *Xyleutes* en Amérique.

FIG. 32. — *Xyleutes (Strigocossus) crassa*, Drury, ♂, grandeur naturelle
(Illustrat. Exot. Entom. Vol. III. Taf. 2, fig. 1).

Les *Xyleutes* américains se rapportent à deux groupements très différemment spécialisés. D'un côté, nous trouvons, au Brésil (provinces de Corrientes et de Santo-Paulo), c'est-à-dire dans la région qui est restée jusqu'à la fin des temps crétacés en relations directes avec l'Afrique, une grande espèce qui nous rappelle de très près les types sénégalais et hindous, c'est *Xyl. xylotriba* (Fig. 33 et 34); il y a donc tout lieu de supposer que les ancêtres de *Xylotriba* sont arrivés en Amérique par l'isthme brasilo-sénégalais, au cours des temps jurassiques. Cette hypothèse nous expliquerait les relations de parenté qu'on ne peut pas s'empêcher de remarquer entre les *Xylotriba* actuels et les espèces indo-éthiopienne : *crassa*, *speciosa*, *persona*.

Un deuxième type de *Xyleutes* américains est représenté par les morphes du type *palmarum*, y compris *cognata*, *pyracmon* (Fig. 35), *strigillata melanoleuca*, etc. Les *Xyleutes* de ce type nous montrent un certain nombre de morphes assez petites, ce qui indique un phylum n'ayant pas encore épuisé ses facultés d'évolution; on les a observés dans presque toute l'étendue de l'Amérique méridionale; vers le sud, Felder et Burmeister en ont observé quelques formes dans

FIG. 33. — *Xyleutes Xylotriba* ♂, Herr.-Schæff. (*Sammlung. aussereurop. Schmetterl.*, pl. 32, fig. 37).

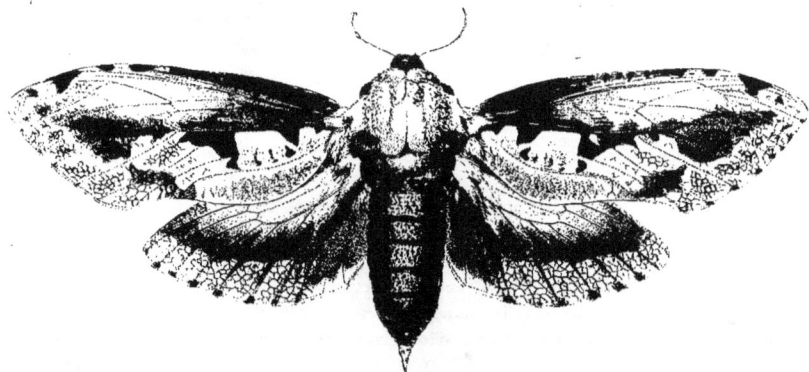

FIG. 34. — *Xyleutes Xylotriba* ♀, Herr.-Schæff. (*Samm. aussereurop. Schmetterl.*, pl. 32, fig. 38).
Quoique vivant en Amérique cette espèce appartient très nettement au type hindou. Comparer à *Xyl. persona*, fig. 11.

la région de Buenos-Aires; la plupart des autres, au contraire, ont poussé leurs incursions vers le nord (*palmarum, strigillata*, etc.) et sont arrivés jusqu'au Mexique à travers l'Amérique centrale.

Dans ce deuxième type, ainsi que nous l'avons déjà indiqué, p. 86, les ♂♂ sont caractérisés par le développement, sur les ailes antérieures, d'une large raie longitudinale noire anguleuse et par un riche réseau de nervures transversales analogue à ce que nous avons signalé chez un certain nombre de morphes australiennes, par exemple *liturata* Donovani, etc.

Une subdivision plus évoluée de ce deuxième type peut encore être distinguée parmi les *Xyleutes* américains; c'est celle qui comprendrait *Xyl. mexicanus* et *Xyl. Oberthüri*. Dans cette subdivision, en effet, le réseau des nervures transverses disparaît presque entièrement; à sa place, on trouve une marquetterie de ponctuations noires sur fond blanc d'un très gracieux effet. Nous ne séparons cependant pas ce groupement secondaire du précédent, parce que, si les ♂♂ présentent quelques différences, les ♀♀, par contre sont presque identiques (Fig. 36).

D'ailleurs, les aires actuelles de dispersion de ces deux subdivisions paraissent se confondre; les espèces sont mélangées sans ordre apparent dans toute l'étendue de l'Amérique méridionale; la seule remarque qu'on pourrait faire, c'est que les formes du type *palmarum* sont plus abondantes du côté de l'est, tandis que celles du type *Oberthüri* sont presque exclusivement distribuées le long de la côte occidentale, dans les régions andiques.

Il serait bien désirable que des recherches nouvelles soient faites dans le but d'étendre et de préciser nos connaissances sur ce point.

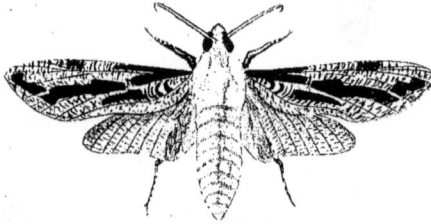

FIG. 35. — *Xyleutes (Neocossus pyracmon*, Cramer. ♂, grand. natur. (*Papill. exotiques.* Vol. III, pl. 287, fig. B.).

Malgré les différences assez notables que nous venons de signaler entre les deux subdivisions principales des *Xyleutes* américains, la bande noire maculaire des ailes antérieures des ♂♂ permet cependant de les rattacher tous à la même souche primitive. Cette tache se retrouve aussi généralement chez les femelles (Fig. 36), mais elle est toujours beaucoup plus vague. Nous n'avons rien vu d'analogue dans les autres groupes de *Xyleutes*, tout au plus pourrait-on signaler une assez lointaine ressemblance avec certains exemplaires de *lichenea*. Quelques-unes des plus petites formes de *Xyl. lichenea* (Pl. XXXII, Fig. 41) présentent, en effet, sur le disque des ailes antérieures une série de taches brunes, allongée, qui rappelle assez bien la maculature des mêmes ailes chez *Xyl. palmarum* ♀ (Fig. 36).

Nous n'insistons pas sur ces analogies; au cas où leur signification viendrait à se préciser, dans l'avenir, par le fait de nouvelles découvertes, on pourrait en tirer la suggestion que le peuplement de l'Amérique du Sud s'est fait par l'intermédiaire du Continent de Gondwana au cours des temps jurassiques. Il en résulterait alors que les *lichenea* d'Australie, après avoir colonisé les territoires africains, auraient poussé leurs incursions jusqu'en Amérique. Cette origine commune de tous les *Xyleutes* américains (exception faite pour *Xylotriba*) n'est pas douteuse, autrement on ne pourrait pas s'expliquer la raison d'être de la bande noire commune sur les ailes antérieures (1).

En résumé, les *Xyleutes* américains du type *strigillata* ont plus de rapport avec les formes australiennes de la souche *lichenea* qu'avec aucune autre des formes éthiopiennes et indo-malaises; nous signalons une analogie, chacun l'interprétera à sa façon. Si nous nous sommes trompés et qu'on nous en fournisse la preuve, nous serons heureux de reconnaître notre erreur et d'accepter les suggestions qu'on nous opposera.

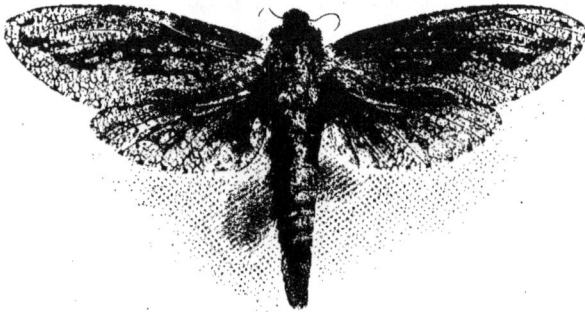

Fig. 36. — *Xyleutes (Neocossus) palmarum*, Herr.-Schæff. ♀, grandeur naturelle
(Coll. Ch. Oberthür).

Il ne nous reste plus, en ce qui concerne les *Xyleutes* américains, qu'un seul point à élucider. Comment se fait-il que, malgré la permanence constante de la Mésogée, au cours des temps secondaires entre les deux Amériques, les *Xyleutes* de la région sud aient pu remonter vers le nord jusqu'au Mexique ? La Paléogéographie permet encore de répondre à cette question. Il est vrai que l'Amérique du Sud est restée séparée de l'Amérique du Nord par la Mésogée, jusque vers la fin des temps tertiaires; mais, vers le milieu du pliocène, l'isthme de Panama prit naissance et établit ainsi une communication. Il est donc probable que jusqu'à ce moment aucun *Xyleutes* ne put, en effet, passer dans l'hémisphère boréal; dès que la connexion fut réalisée;

(1) L'espèce signalée par Hammerschmidt sous le nom de *Xyl. Redtenbacheri* à Mexico, n'est pas un *Xyleutes*. C'est un *Cossidé* de petite taille, dont les affinités sont très ambiguës; il devra être classé soit dans le genre *Holocerus* soit dans le genre *Hypopta*.

au contraire, les espèces qui, comme *Xyl. palmarum*, habitaient déjà les Guyanes, le Vénézuéla, la Colombie remontèrent immédiatement vers le nord et telle est vraisemblablement la raison pour laquelle nous les trouvons aujourd'hui à Costa-Rica, au Nicaragua, à Honduras et jusqu'au Mexique. Toutefois, ce dernier pays paraît former la limite extrême de leur dispersion; nous ne croyons pas qu'on ait jamais rencontré des *Xyleutes* au delà du cours du Rio-Grande, c'est-à-dire plus haut que le 20° de latitude boréale.

Nous ignorons de même s'il a été quelquefois trouvé des *Xyleutes* aux Grandes-Antilles et aux Lucayes; d'après les prévisions que nous permet la Paléogéographie, cela n'est pas possible. Cette région a, en effet, toujours été sous les eaux de la Mésogée depuis la fin des temps paléozoïques; ce n'est qu'au moment de la formation de l'isthme de Panama (pliocène) que quelques-uns des plus hauts sommets se sont trouvés émergés : Cuba, La Jamaïque, Haïti, etc.; mais comme ces îles n'ont vraisemblablement jamais eu de communication solide, ni entre elles, ni avec le continent, elles n'ont pas pu être colonisées par les *Xyleutes*. Nous donnons cette suggestion pour ce qu'elle vaut; attendons à voir si les découvertes futures l'infirmeront ou la confirmeront.

CONCLUSIONS

Le travail auquel nous venons de nous livrer, en collaboration étroite avec M. Charles OBERTHÜR et avec M. F.-P. DODD, de Kuranda, Australie, apporte un certain nombre de modifications à la nomenclature et à la classification des *Xyleutes*; nous résumons ici en quelques lignes les conclusions les plus générales de nos recherches.

Les Lépidoptères auxquels nous donnons aujourd'hui le nom de *Xyleutes* appartiennent, en réalité, à plusieurs genres différents et, au moins, à cinq grandes souches primitives distinctes; ils devront former, à l'avenir, dans la famille des *Zeuzeridæ*, sous le nom de XYLEUTINÆ, une tribu à part, intermédiaire entre celle des *Cossinæ* et celle des *Zeuzerinæ*.

1. A la première souche, nous rapportons les plus grands *Xyleutinæ* d'Australie; ce sont, pour nous, les *Xyleutes* vrais; ils ont conservé la vestiture uniforme des *Cossinæ*, mais la maculature des ailes antérieures tend à disparaître. Ce sont des Insectes qui ont évolué sur place; leur patrie d'origine est, en effet, l'Australie. Type : *Cossimorphus Edwardsi* Tepper.

2. La deuxième souche est aussi originaire d'Australie; elle comprend des formes nombreuses dont la plus primitive nous semble être *Xyl. lichenea*. Quelques-uns de ces Lépidoptères ont évolué sur place; d'autres ont dû s'avancer vers l'ouest à travers le continent de Gondwana. Presque tous sont caractérisés par un abondant réseau de lignes brunes transverses sur les ailes antérieures. Type : *Dictyocossus phæocosma*.

   Une subdivision australienne de cette deuxième souche est caractérisée par la coloration brune des ailes antérieures. Type : *Melanocossus tenebrifer*.

3. La troisième souche comprend toutes les formes indo-malaises; ce sont tous des *Xyleutinæ* plus ou moins strigoïdes, dont le centre de dispersion a été vraisemblablement l'Insulinde à l'époque où cette région était encore rattachée au continent sino-sibérien. Type : *Strigomorphus Strix* Linn.

4. La quatrième souche renferme tous les *Xyleutes* africains; ils sont caractérisés par une tache noire en forme d'arc dans la région apicale des ailes antérieures. Types : *Xylocossus capensis* et *Strigocossus leucopteris* Houlb.

5. La cinquième souche est constituée par la plus grande partie des *Xyleutinæ* d'Amérique; le caractère essentiel, c'est la présence d'une bande noire longitudinale sur les ailes antérieures. Type : *Neocossus strigillata*.

25

Les modifications qui ont affecté les continents au cours des époques géologiques paraissent avoir eu une grande influence sur la variation des *Xyleutes* et sur leur distribution géographique, et, de fait, si nos combinaisons taxinomiques sont autre chose que de pures fictions, si elles ont une intime raison d'être indépendantes de nos définitions, on voit nettement ici que l'unité zoogéographique importante est le genre. Sous le point de vue général qui nous a permis de grouper ces faits, les nuances imprécises de la spécificité ne jouent qu'un rôle très effacé; elles se fondent en individualités collectives plus larges et seules, à notre avis, ces grandes individualités génériques ont un sens réel dans la phylogénie. Est-ce que ce ne sont pas des vues élevées de cet ordre qui ont guidé M. Charles OBERTHÜR dans sa belle étude sur les *Catagrammides*, bien qu'il ait envisagé les faits sous un autre point de vue ? Il est très remarquable de voir que nous arrivons au même résultat : importance et la réalité objective du genre, par des chemins différents.

Quoi qu'il en soit, la distribution actuelle des *Xyleutes* à la surface du Globe ne peut s'expliquer que si, avec les paléogéographes, on admet l'existence du Continent de Gondwana au début des temps secondaires, et, plus tard, le morcellement de ce continent en unités de moindre étendue, qui sont devenues l'Australie, l'Afrique et l'Amérique du Sud.

Nous reconnaissons, pour le moins, trois centres primitifs de dispersion : l'Australie, l'Insulinde et la Lémurie; ces faits, qui concordent avec les groupements génériques que nous avons été obligé d'établir, nous montrent qu'en réalité les *Xyleutes* ont une origine polyphylétique.

Les ancêtres des *Xyleutinæ* sont certainement des Lépidoptères très anciens, qui ont dû se dégager des formes primitives préjugates au plus tard à l'époque triasique.

A l'époque tertiaire, la dissémination actuelle des *Xyleutes* était déjà réalisée dans son ensemble; toutefois, c'est à cette époque (pliocène) que quelques espèces, utilisant l'isthme de Panama, ont réussi à se propager jusqu'au Mexique.

Il ne nous reste plus, pour grouper dans une vue d'ensemble les résultats entomologiques qui viennent de nous être fournis par l'étude des *Xyleutes*, qu'à dresser le Catalogue systématique de toutes les espèces de ce genre connues jusqu'à ce jour.

Catalogue systématique de la Tribu des XYLEUTINÆ

(Ancien Genre XYLEUTES, Hübner).

Les espèces marquées d'un astérisque (*) sont celles que nous n'avons pas pu étudier en nature; nous ne les connaissons que par des documents iconographiques ou par les descriptions, souvent très incomplètes, qui en ont été données.

Quant à celles qui sont précédées d'une croix (+), nous n'avons pu réunir, en ce qui les concerne, que des indications bibliographiques.

1ᵉʳ GENRE : **XYLEUTES**, Hübn.
Verzeichniss bekannter Schmetterlinge, 1816, p. 195
(COSSIMORPHUS, Houlb.).

1. ***Xyl. Edwardsi,** Tepper. *Description of a new Species of Cossus* (Transact. Roy. Soc. South Australia, 1891, Vol. XIV, p. 63, Pl. 1).

   Xyleutes Doddiana, Obthr. Indication manuscrite *in* Coll. Ch. Oberthür.

   AUSTRALIE : Adélaïde; Kuranda, North Queensland; Port-Darwin, North Australia.

2. **Xyl. Sordida,** Rothsch. *Descript. of some new Species of Lepidoptera* (Novitates Zoologicæ, 1896. Vol. III, p. 601). — « Closely allied to *Xyl. Boisduvali,* Rothsch. »

   AUSTRALIE : Brisbane district, Queensland ; Taylor Range.

3. **Xyl. Turneriana,** Obthr. *Contribution à l'étude des grands Lépidoptères d'Australie* (Etudes de Lépidoptérologie comparée, 1916. Fasc. XI *bis,* p. 52). — « Les ailes supérieures, en dessus, sont entièrement grises; les inférieures sont velues près de la base et d'un brun noirâtre. »

   AUSTRALIE : Kuranda, North Queensland.

4. **·Xyl. Affinis,** Rothsch. *Descript. of some new Species of Lepidoptera* (Novitates Zoologicæ, 1896. Vol. III, p. 600). — « This species is closely allied to *Xyl. Magnifica,* Rothsch. »

   AUSTRALIE : Brisbane district, Queensland ; Taylor Range, Kuranda, North Queensland.

5. **Xyl. Boisduvali,** Rothsch. *Some undescribed Lepidoptera* (Novitates Zoologicæ, 1896. Vol. III, p. 232). — « Forewings uniform silvery grey, densely powdered with brownish scales. Expanse of wing, ♂ 68, ♀ 85 millim. »

   AUSTRALIE : Burdekin River, Queensland ; Taylor Range, Kuranda, North Queensland.

6. **Xyl. Magnifica,** Rothsch. *Some undescribed Lepidoptera* (Novitates Zoologicæ, 1896, Vol. III, p. 232). — « Forewings uniform pale grey. Expanse of wings, ♂ 64, ♀ 101 millim. »

AUSTRALIE : Brisbane district, Queensland; Hunter River, New South Wales.

2ᵉ GENRE : **DICTYOCOSSUS,** Houlb.
Etudes de Lépidoptérologie comparée, 1916. Fasc. XI *bis*, p. 77
(XYLEUTES, Kirby).

7. **D. Polyplocus,** Turner. *Studies in Australian Lepidoptera* (Annal. Queensland Museum, Brisbane, 1911, p. 131).

AUSTRALIE : Kuranda, Queensland; Port-Darwin, North Australia.

8. **D. Minimus,** Houlb. *Sur la distribution géographique des Xyleutes* (Etudes de Lépidoptérologie comparée, 1916. Fasc. XI *bis*, p. 80). — « Ailes d'un gris cendré pâle avec un riche réseau de lignes transversales. »

NOUVELLE-GUINÈE : Kar-Kar, Dampier Ins.; Manam, Vulcan Ins.; Rook Isl. (*A. S. Meek*, 1914).

9. **D. Licheneus,** Rothsch. *Descript. of some new Species of Lepidoptera* (Novitates Zoologicæ, 1896. Vol. III, p. 601). — « Forewings brownish grey. »

Xyleutes Olbia, Turner. Trans. R. Soc. S. Austral., 1903. Vol. XXVII, p. 24.

AUSTRALIE : Brisbane district, Queensland; Kuranda, North Queensland.

10. **D. Coscinotus,** Turner. *New Australian Lepidoptera, with synonimic and other notes* (Trans. Roy Soc. South Australia, 1903. Vol. XXVII, p. 24).

Xyleutes Doddi, Rothsch. *Novitates Zoologicæ,* 1903. Vol. X, p. 306. Pl. XI, fig. 11, ♂. — « Forewings very densely irrorated with a network of mouse-grey lines all over. »

AUSTRALIE : Townsville, Queensland; Kuranda, North Queensland; Port-Darwin.

11. **D. Phæocosmus,** Turner. *Studies in Australian Lepidoptera* (Annal. Queensland Museum, 1911. Vol. X, p. 130-131).

AUSTRALIE : Kuranda, Queensland; Port-Darwin, North Australia (P. Dodd, 1910).

12 **D. Houlberti,** Obthr. *Contribution à l'étude des grands Lépidoptères d'Australie* (Etudes de Lépidoptérologie comparée, 1916. Fasc. XI *bis*, p. 55). — Dans les deux sexes, la coloration des ailes, en dessus, est « d'un brun cendre violacé plus foncé que dans *Doddi.* »

AUSTRALIE : Kuranda, North Queensland.

13. **D. Nephrocosmus,** Turner. *New Australian Lepidoptera* (Trans. Roy. Soc. South Australia, 1902. Vol. XXVI, p. 201).

AUSTRALIE : Kuranda, Townsville, North Queensland.

14. **D. Lituratus,** Donov. (*Cossus Lituratus*). *An Epitome of the Natural History of the Insects of New Holland, New Zealand, New Guinea,* 1805, p. 42. Pl. XXXVII, fig. 1. — « Anterior wings varied with fuscous and hoary white, with innumerable small transverse lines and few daub of black. » In Coll. FRANCILLON.

Xyleutes Casuarinæ, Boisd. Herrich-Schaeffer. *Lepidopt. Exot.* Spec. Ser., 1854. Pl. 58, fig. 162.

Zeuzera Liturata, Walk. *Lepidopt. Heterocera,* 1856. Part VII, p. 1540.

Endoxyla Liturata, Don. Exempl. ♂ donné par M. Doubleday *in* Coll. Ch. Oberthür.

Endoxyla Striata, Guenée. Note inédite *in* Coll. Ch. Oberthür.

AUSTRALIE : Brisbane, Queensland ; Melbourne. — TASMANIE.

15. **D. Fuscus,** Swinhœ (*Strigoides Fuscus*). *Catalogue of Eastern and Australian Lepidoptera Heterocera* (Collection of the Oxford University Museum, 1892. Vol. I, p. 280). — « ♂ ♀. Allied to *Xyl. Lituratus,* Don. Expanse of wings 11 to 14 centim. »

AUSTRALIE : Queensland, New South Wales.

16. **D. Donovani,** Rothsch. *Some new Species of Heterocera* (Novitates Zoologicæ, 1897. Vol. IV, p. 307. Pl. VII, fig. 2). — « Forewings without the yellowish tint which is present in *Xyl. Lituratus,* Don. the nearest ally of *Donovani.* »

AUSTRALIE : Brisbane district, Queensland ; Taylor Range, Kuranda, North Queensland.

17. **D. Mackeri,** Obthr. *Contribution à l'étude des grands Lépidoptères d'Australie* (Etudes de Lépidoptérologie comparée, 1916. Fasc. XI *bis,* p. 49). — « Les ailes supérieures sont d'un brun roux maculées de blanc avec une foule de vermiculations noires. »

AUSTRALIE : Kuranda, North Queensland.

18. **D. Rothschildi,** Obthr. *Contribution à l'étude des grands Lépidoptères d'Australie* (Etudes de Lépidoptérologie comparée, 1916. Fasc. XI *bis,* p. 47).

Xyleutes maculatus Rothsch. (1). *Novitates Zoologicæ,* 1899. Vol. VI, p. 443. — « Forewings ashy grey, paler towards the apex. »

AUSTRALIE : Taylor Range, Brisbane district, Queensland (*F. Dodd*).

---

(1) Voir p. 47 la Note de M. Charles Oberthür.

19. ***D. Angasii** ♀, Felder (ENDOXYLA, A.). *Reise der Œsterreichischen Fregatte Novara um die Erde.* Lepidoptera Heterocera, 1875. Vol. II. Pl. 81, fig. 4.
AUSTRALIE : Angas, Adélaïde.

20. **D. Strigus,** Rothsch. *Some new Cossidæ from Queensland* (Novitates Zoologicæ, 1903. Vol. X, p. 307. Pl. XI, fig. 12, ♂). — « Forewings olivaceous white grey. »
Xyleutes acontucha, Turn. Trans. R. Soc. S. Australia, 1903. Vol. XXVII, p. 25.
AUSTRALIE : Townsville, Queensland.

21. ***D. Duponcheli,** Newman (*Zeuzera,* D.). *Characters of a few Australian Lepidoptera, collected by Mr. Thomas R. Oxley* (Trans. of the Entomol. Soc. London, 1856. 2. Vol. III, p. 282). — « There are two Species with which it may be advantageously compared : *Lituratus* Don. and d'*Urvillei* H. S. Expanse of wings 9-10 centim. »
AUSTRALIE : Sans indication de localité.

22. **D. Pulchra,** Rothsch *Some undescribed Lepidoptera* (Novitates Zoologicæ, 1896. Vol. III, p. 232; 1897. Vol. IV. Pl. VII, fig. 2). — « Forewings pale grey, spotted with black dots along costa and outer margin. Expanse of wings 39 millim. »
AUSTRALIE : Toowoomba; Brisbane District; Taylor Range, Queensland.

23. ***D. Molitor,** Rothsch. *Some new Cossidæ from Queensland* (Novitates Zoologicæ, 1903. Vol. X, p. 307. Pl. XI, fig. 13, ♂). — « Forewings markings mouse-grey, far less conspicuous than in *pulchra* and *lichenea,* appearing washed out. »
AUSTRALIE : Townsville, Queensland.

24. ***D. Eluta,** Rothsch. *Some new Cossidæ from Queensland* (Novitates Zoologicæ, 1903. Vol. X, p. 308. Pl. XI, fig. 14, ♀). — « Upperside of body white-grey, slightly cinereous; similar to *Xyl. Molitor,* Rothsch. »
AUSTRALIE : Brisbane district, Queensland.

25. ***D. Eremonomus,** Turner. *New Australian Lepidoptera, with synonimic and other Notes* (Adelaïde South Austral. Trans. Roy. Soc., 1906, p. 139).
AUSTRALIE : Queensland.

26. ***D. Stenoptilus,** Turner. *Studies in Australian Lepidoptera* (Ann. Queensland Museum Brisbane, 1911, p. 131).
AUSTRALIE : Queensland.

27. ***D. Methychrous,** Turner. *Studies in Australian Lepidoptera* (Annal. Queensland Museum Brisbane, 1911, p. 131).
AUSTRALIE : Queensland.

28. **D. Decoratus,** Swinhoe (*Strigoides*, D.). *Catalogue of Eastern and Australian Lepidoptera Heterocera* (Collection of the Oxford University Museum, 1892. Vol. I, p. 281). — « A much damaged example ♀ without abdomen of this beautiful species, allied to nothing I know of. Expanse of wings 155 millim. »

AUSTRALIE : Swan River.

OBS. — Nous ajoutons ici neuf nouvelles espèces australiennes, publiées depuis le *Catalogue* de Kirby par Mr. T. P. Lucas, mais sur lesquelles nous n'avons pu réunir que des indications bibliographiques : *Zoological Record*, 1898. *Insecta*, p. 212.

29. +**D. Cretosus,** Lucas (*Endoxyla Cretosa*, Luc.). *Descriptions of Queensland Lepidoptera* (P. Soc. Queensland, 1898. Vol. XIII, p. 62).

30. +**D. Sectus,** Lucas (*Endoxyla Secta*, Luc.), *loc. cit.*, p. 63.

31. +**D. Tempestivus,** Lucas (*Endoxyla Tempestiva*, Luc.), *loc. cit.*, p. 64.

32. +**D. Columbinus,** Lucas (*End. Columbina*, Luc.), *loc. cit.*, p. 64.

33. +**D. Interlucens,** Lucas (*End. Interlucens*, Luc.), *loc. cit.*, p. 65.

34. +**D. Minutiscriptus,** Lucas (*End. minutiscripta*, Luc.), *loc. cit.*, p. 65.

35. +**D. Irretilus,** Lucas (*End. irretila*, Luc.), *loc. cit.*, p. 65.

36. +**D. Columellaris,** Lucas (*End. Columellaris*, Luc.), *loc. cit.*, p. 66.

37. +**D. Insulana,** Lucas (*End. Insulana*, Luc.), *loc. cit.*, p. 66.

3ᵉ GENRE : **MELANOCOSSUS,** Houlb.

Etudes de Lépidoptérologie comparée, 1916. Fasc. XI *bis*, p. 77
(XYLEUTES, Kirby).

38. **M. Zophoplectus,** Turner. *New Australian Lepidoptera* (Trans. Roy. Soc. South Australia, 1902. Vol. XXVI, p. 202).

AUSTRALIE : Queensland.

39. **M. Dictyosomus,** Turner. *New Australian Lepidoptera* (Trans. Roy. South Australia, 1902. Vol. XXVI, p. 202).

AUSTRALIE : Kuranda, Queensland (*P. Dodd*, 1912).

40. **M. Tenebrifer,** Walker (*Cossus*, T.). *Catalogue of Lepidoptera Heterocera* (List of the Specimens of Lepidopterous Insects in the collection of the British Museum, 1865, part. XXXII, p. 585). « Blackish brown, ferruginous-red beneath ♂ and ♀. Fore wings slightly speckled with white, reticulated with black. »

AUSTRALIE : Moreton Bay, *in* Coll. Diggles; Townsville, North Queensland.

41. **M. d'Urvillei** ♀, Herrich-Schaeffer (*Endoxyla*, D.). *Sammlung neuer oder wenig bekannter aussereuropäischer Schmetterlinge*, 1854. Pl. 58, fig. 163.

MC. COY. Transformations described and figured ; the larva lives in *Acacia*, not in *Eucalyptus*, and is much relished by the Australians (*Prodr. Zool. Vict.*, 1879. Vol. III. Pl. 30).

LIDGETT (J.). *Transformations of Australian Lepidoptera*, 1893, in-8°, p. 13.

LITTLER. *Entomologist*, 1904, p. 114.

Endoxyla Eucalypti ♂, Herrich-Schaeffer, 1854, *loc. cit.* Pl. 58, fig. 164.

Zeuzera Eucalypti, Walk., *loc. cit.*, 1856. Vol. VII, n° 24, p. 1539. — « Hind wings ferrugineous ♂ and ♀. »

AUSTRALIE : Hunter River, New South Wales. — ILES DES AMIS : Tonga-Tabou.

4ᵉ GENRE : **MELANOSTRIGUS**, Houlb.

Etudes de Lépidoptérologie comparée, 1916. Fasc. XI *bis*, p. 78
(XYLEUTES, Kirby).

42. **M. Leuconotus**, Walker (*Zeuzera Leuconota*). *Lepidoptera Heterocera*. Part. VII (List of the Specimens of Lepidopterous Insects in the Collection of the British Museum, 1856, n° 20, p. 1537). — « Fore wings at the tips and along the interior border, where the line between the gray and the white is irregular and much indented. »

Zeuzera Leuconota, Butler. *Illustrations Lepidoptera Heterocera*, B. M., 1886. Vol. VI, p. 28. Pl. CVIII, fig. 1 et 2. Expanse of wings ♂ 122, ♀ 170 millim.

Hinnaeya Leuconota, Moore (F.). *The Lepidoptera of Ceylan*, 1880-87. Vol. II, p. 153. Pl. CXLII, fig. 3 et 3 *a*.

Répandu dans tout l'empire de l'Inde, depuis le Cachemire jusqu'à Ceylan et presque partout fréquent. Sa chenille vit dans le tronc de certains Canéficiers (*Cassia nodosa*). On en a observé plus de 30 exemplaires dans le même tronc jeune.

CEYLAN (*Doncaster*, 1892) : Silhet (*Stainsforth*); Darjiling ; Solan, près Simla (*Lakhat*, 1886).

43. ***M. Signatus**, Walker (*Zeuzera Signata*). *Catalogue of Lepidoptera Heterocera* (List of the Specimens..., 1856, Part. VII, n° 19, p. 1537). — « Whitish, ♂. Fore wings with larger and more regular black marks along the Costa, and with a black patch in the disk. »

NORTH INDIA.

5ᵉ Genre : **STRIGOMORPHUS**, Houlb.

Etudes de Lépidoptérologie comparée, 1916. Fasc. XI *bis*, p. 78
(Xyleutes, Kirby ; Strigoides, Guérin).

44. *S. Maculatus, Snellen (*Cossus*, M.). *Lepidoptera van Celebes* (Tijdschrift voor Entomologie, 1879. Vol. XXII, p. 125. Pl. 10, fig. 4).

Petite espèce à ailes supérieures arrondies; rappelle un peu *Xyl. Donovani*
d'Australie. Sa chenille vit dans les troncs du Canarie-boom (*Canarium commune*, L.).

Célèbes : Mangkasar, Bonthain.

45. *S. Celebesus, Walker (*Zeuzera Celebesa*). *Catalogue of Lepidoptera Heterocera* (List of
the Specimens of Lepidopterous Insects in the Collection of the British Museum,
1865. Part. XXXII, p. 588). — « Ferrugineous. ♀. Fore wings with very numerous
minute transverse black streaks. »

Célèbes : Menado, *in* Coll. Saunders.

46. *S. Ceramicus ♂, Walker (*Zeuzera Ceramica*). *Catalogue of Lepidoptera Heterocera* (List
of the Specimens of Lepidopterous Insects in the Collection of the British Museum,
1865. Part XXXII, p. 587). — « Cinereous, ♂. Head brown. Fore wings fawn-colour,
mostly cinereous with black lines between the veins and with black costal points. »

Moluques : Ceram, *in* Collection Saunders.

47 *S. Anceps, Snellen (*Cossus Anceps*). *Enumération des Lépidoptères Hétérocères recueillis
à Java* (Tijdschrift voor Entomologie, 1900. Vol. XLIII, p. 40). — « Ailes antérieures d'un blanc brunâtre avec des stries noires; envergure 62 millim. »

Java : District de Preanger (*Piepers*).

48. *S. Bosschæ, Heylaerts (*Endoxyla Bosschæ*). *Heterocera exotica; nouvelles espèces des
Indes orientales néerlandaises* (Ann. Soc. Entom. Belg., 1892. Vol. XXXVI, p. 45).
- — « Ailes antérieures jaunes brunâtres d'un dessin très joli, caractéristique. »

Bornéo : Sambas.

49. *S. Bubo, Butler (*Zeuzera Bubo*). *Descript. of new Species of Lepidoptera, chiefly from
Duke-of-York Island and New Britain* (Annal. of Nat. History, 1882 (5). Vol. X,
p. 228). — « Allied to *Z. Strix*. Expanse of wings ♀ 158 millim. »

Nouvelle-Bretagne.

26

50. **S. Leucolophus,** Guérin (*Strigoides Leucolophus*). *Iconographie du Règne animal de Cuvier*. Insectes. Texte p. 505. — « Ailes brunes, couvertes de réticulations d'un brun noirâtre. Envergure, 190 millim. »

NOUVELLE-GUINÉE, AMBOINE.

51. **S. Strix,** Clerck (*Phalæna Strix*). *Icones Insectorum rariorum*, Holmiæ, 1759. Pl. 51, fig. 1.

Phalæna Strix, Cramer. *Papillons exotiques des trois parties du monde*, 1777, p. 77. Pl. 145, fig. A. — La figure de l'ouvrage de Cramer a été exécutée d'après un original du Cabinet du Prince d'Orange et de Nassau.

La chenille de cette espèce vit dans le tronc des toerie-boom (*Agati grandiflora*, D. C.) (*Tijdschrift voor Entomol.*, 1876, p. 22).

Endoxyla Strix, Snellen. *Hétérocères de Java* (Tijdschrift voor Entomol., 1900. Vol. XLIII, p 39).

Xyrena Granulata ♂, Guenée. Célèbes, Depuiset, 1877.

Xyrena Tigrata ♂, Guenée. Célèbes ou Amboine, Depuiset, 1877.

L'étiquette qui accompagne cet exemplaire, de la main d'Achille Guenée, porte les indications suivantes :

« Ressemble beaucoup au *Strix* de Clerck. Quant à celui de Linné (*Mus. Ludw. Ulr.*, p. 377), c'est une créature imaginaire, Linné l'ayant confondu avec l'*Ereb. Agrippina* des auteurs. Celui-ci diffère principalement du *Strix* de Clerck par le bord interne des inférieures qui est d'un gris uniforme et non pas blanc et strié de noir; l'abdomen est, en outre, zoné de blanc, mais ce doivent être deux espèces très voisines. »

Ex Musæo Ach. Guenée *in* Coll. Charles Oberthür.

AMBOINE. JAVA, peu rare (*Piepers*). — ILES PHILIPPINES : Manille. — BORNÉO : Mt Kina-Balu; Mt Gedé; Sukaburui. — CÉLÈBES : Mangkassar (*Snellen*); Pic de Bonthain W. *Doherty*). — SIKKIM : Darjeeling (*Bretaudeau*, 1894). — MOLUQUES : Batjan, Halmahera (*J. Walterstradt*, 1904; *Doherty*, 1897). — · NOUVELLE-GUINÉE : Rook Isl. — TERNATE :

6e GENRE : **XYLOCOSSUS,** Houlb.
Etudes de Lépidoptérologie comparée, 1916. Fasc. XI *bis*, p. 85
(XYLEUTES, Kirby).

52. **X. Capensis,** Walker (*Zeuzera Capensis*). *Catalogue of Lepidoptera Heterocera* (List of the Specimens of the Lepidopt. Insects in the Collection of the British Museum, 1856. Part VII, p. 1533). — « Whitish ♀. Wings very minutely flecked with black, paler towards the tips, with an interrupted curved subapical black band, and with black dots along the exterior border. »

COLONIE DU CAP : Port-Natal, Collection Stevens et Coll. Ch. Oberthür. — TRANSVAAL : Zoutpansberg; Abeniba.

53. **X. Malgacicus,** Houlb. *Sur la distribution géographique des Xyleutes* (Etudes de Lépidoptérologie comparée, 1916. Fasc. XI *bis*, p. 81). — « Ailes antérieures avec une tache noire en forme d'arc au bord externe. »

MADAGASCAR : Tananarive, Imerina (*R. P. Camboué*, 1889); Tamatave (*Perrot*).

54. **X. Guillemei,** Houlb. *Sur la distribution géographique des Xyleutes* (Etudes de Lépidoptérologie comparée, 1916. Fasc. XI *bis*, p. 82). — « Ailes antérieures sans taches avec un réseau très serré de lignes transversales. »

CONGO BELGE : Région de M'Pala, Tanganika (*R. P. Guillemé*).

55. ***N. Sjoestedti,** Aurivill. *Sjösteds Kilimandjaro-Meru Expedit.* Lepidoptera, 1910, p. 50. Pl. 14-15.

AFRIQUE ORIENTALE.

56. ***X. Cretaceus,** Butler (*Zeuzera,* C.). *Descript. of some new Genera and Species of Lepidoptera from old Calabar and Madagascar* (Ann. and Magaz. of Natural History, 1878 (5). Vol. II, p. 463). — « Intermediate in colouring and marking between *Z. Asylas* and *Z. Capensis...*; primaries with a black semicircular streak at outer margin. Expanse ♂, 3 inches 2 lines. »

MADAGASCAR : Ellongo.

57. ***X. Inclusus,** Walker (*Zeuzera I.*). *Catalogue of Lepidoptera Heterocera* (List of the Specimens of Lepidopt. Insects in the Collection of the British Museum, 1856. Part. VII, p. 1534). — « Whitish ♀. Fore wings imperfectly reticulated, with a row of blackish costal dots. »

COLONIE DU CAP : Port-Natal, *in* Collection Gueinzius.

7ᵉ GENRE : **STRIGOCOSSUS,** Houlb.

Etudes de Lépidoptérologie comparée, 1916. Fasc. XI *bis*, p. 85
(XYLEUTES, Kirby).

58. ***X. Moderatus,** Walker (*Zeuzera M.*). *Catalogue of Lepidoptera Heterocera* (List of the Specimens...... in the Collection of the British Museum, 1856. Part VII, p. 1533). — « Whitish ♀. Fore wings partly some what reticulated along the costa, with a short curved subapical black band. »

SIERRA LEONE : Rev. F. Morgan.

26*

59. **S. Speciosus,** Houlb. *Sur la distribution géographique des Xyleutes* (Etudes de Lépidoptérologie comparée, 1916. Fasc. XI *bis*, p. 83). — « Ailes antérieures étroites marquées d'un joli dessin de taches brunes et blanches entremêlées. »

CAMEROUN : Johann-Albrechts Höhe (*L. Conradt*, 1896); Quang Strom (*Maj. Mechow*).

60. **S. Leucopteris,** Houlb. *Sur la distribution géographique des Xyleutes* (Etudes de Lépidoptérologie comparée, 1916. Fasc. XI *bis*, p. 84). — « Ailes antérieures ornées d'un
riche réseau de taches transversales et d'une tache noire en forme d'arc près du
bord externe. »

AFRIQUE OCCIDENTALE : Johann Albrechts Höhe, Station Kamerum (*L. Conradt*).

61. ****S. Crassus,** Drury (*Noctua C.*). *Illustrations of Natural History* (Exotic Insects, 1782.
Vol. III, p. 2. Pl. II, fig. 1). — « Ailes supérieures blanchâtres tant bigarrées en
pièces et taches irrégulières de gris et brun foncé qu'il est impossible de les décrire
exactement. Envergure, 7 pouces. »

Il existe, comme dans toutes les espèces africaines, un arc de taches brunes
dans la région apicale des ailes antérieures.

SIERRA LEONE.

62. **S. Xylotribus,** Herrich-Schaeffer (*Cossus Xyl.*). *Sammlung neuer oder wenig bekannter
aussereuropäischer Schmetterlinge*, 1853. Pl. XXXII, fig. ♂ 37, ♀ 38.

Endoxyla Xylotribus, Burmeist. *Descript. physique de la République Argentine.* Part I,
1878, p. 406. Envergure, 10-14 centim.

Zeuzera Xylotribus, Walk., *loc. cit.*, 1856. Part VII, p. 1531. — « Whitish. Fore half of
the fore wings tinged with brown, which is darkest towards the base and is divided
from the whitish part by a dark brown irregular interrupted subramose stripe. »

BRÉSIL : Province de Corrientes, musée de Buenos-Aires; Santo Paulo (Coll. Ch. Oberthür).

63. ****S. Nebulosus,** Donov. (*Cossus N.*). *An Épitome of the Natural History of the Insects of
New Holland, New Zealand, New Guinea*, 1805, p. 42. Pl. XXXVII, fig. 2. —
« Wings hoary, with reticulating fuscous streaks and clouds; an arch of fuscous
spots at the apex of the anterior wings. »

Zeuzera nebulosa (Walk.), *loc. cit.* Part. VII, p. 1541.

AUSTRALIE : Botany Bay.

8ᵉ Genre : **NEOCOSSUS,** Houlb.

Etudes de Lépidoptérologie comparée, 1916. Fasc. XI *bis*, p. 89
(XYLEUTES, Kirby).

64. **N. Strigillatus,** Felder (*Endoxyla Strigillata*). *Reise der Œsterreichischen Fregatte Novara um die Erde* (Lepidoptera Heterocera, 1875. Vol. II. Taf. 81, fig. 5).

> *Endoxyla Strigillata,* Burmeist. (*loc. cit.,* p. 408). — « Ailes grises; les antérieures avec une raie anguleuse longitudinale brune noirâtre; la chenille vit dans le tronc des vieux Saules (*Salix Humboldtiana*). Envergure, 75 millim. »

RÉPUBLIQUE ARGENTINE : Palermo de Buenos-Ayres.

65. *****N. Pyracmon,** Cramer (*Sphinx Pyr.*). *Papillons exotiques des trois parties du Monde,* 1782. Vol. III, p. 170. Pl. CCLXXXVII, fig. B.

> *Zeuzera Pyracmon* (Walk.), *loc. cit.,* 1856. Part VII, p. 1531.

> *Endoxyla Pyracmon* (Burmeist.), *loc. cit.,* 1878, p. 406. — « Ailes antérieures avec une raie longitudinale anguleuse noire qui commence à la base de l'aile et court ensuite vers la pointe. Envergure, 60 millim. »

GUYANE : Surinam. BRÉSIL : Rio de Janeiro.

66. *****N. Cognatus,** Walker (*Zeuzera C.*). *Catalogue of Lepidoptera Heterocera* (List of the Specimens of the Lepidopt. Insects in the Collection of the British Museum, 1856. Part. VII, p. 1532). — « White ♂. Fore wings with a discal brown stripe, which is costal towards the base and is composed of confluent dots. Very nearly allied to *Z. fracta.* »

> *Zeuzera Cognata* (Druce). *Lepidoptera Heterocera* (Biologia Centrali Americana, 1887. Vol. I, p. 231. Pl. 24, fig. 6).

MEXIQUE, HONDURAS : Jalapa, *in* Collection Dyson.

67. *****N. Fractus,** Walker (*Zeuzera Fracta*). *Catalogue of Lepidoptera Heterocera* (List of the Specimens of Lepidopt. Insects in the Collection of the British Museum, 1856. Part VII, p. 1542). — « Whitish ♂. Fore wings with a discal brown dislocated stripe, which towards the base of the wings is contiguous to the costa. »

> Walker indique que la provenance de cette espèce est inconnue. Or, le caractère de la tache discoïdale allongée sur les ailes antérieures indique très nettement qu'elle est d'origine américaine.

Patria ?

68. **N. Putridus,** Perch. (*Zeuzera Putrida*). *Genera des Insectes Lépidoptères*, 1838. Pl. 4, fig. 1.
Cossus Palmarum, Herrich-Schaeffer. *Samml. aussereurop. Schmetterlinge*, 1854, Pl. XXXII, fig. 36.
Zeuzera Putrida (Walker). *Catal. of Lepidoptera Heterocera*, 1856. Part VII, p. 1531.
— « Whitish. Fore wings with a broad diffused pale gray band and with a slightly undulating black discal strip. »
BRÉSIL. VÉNÉZUÉLA . Merida. COSTA-RICA : Lankester. — MEXIQUE : Misantla (*Gugelmann*).

69. **N. Strigifer,* Dyar. *Descriptions of some new Species and Genera of Lepidoptera from Mexico* (Proceed. U. S. Nation. Mus. Wasington, 1910, n° 1742, p. 269).
MEXIQUE : Mexico.

70. **N. Melanoleucus,* Burmeister. *Description physique de la République Argentine.* Part I, 1878, p. 407. — « Ailes blanches; sur les antérieures une raie longitudinale noire, anguleuse, occupant, à la base, la bordure antérieure et courant ensuite vers le milieu de l'aile jusque vers le bord externe. Envergure, 85 millim.
RÉPUBLIQUE ARGENTINE.

71. **N. Mexicanus,** Houlb. *Sur la distribution géographique des Xyleutes* (Etudes de Lépidoptérologie comparée, 1916. Fasc. XI *bis*, p. 88). — « Ailes antérieures d'un blanc crème; la tache brune longitudinale est maculaire dans ses deux derniers tiers. »
MEXIQUE : Misantla (*Gugelmann*, 1912).

72. **N. Oberthüri,** Houlb. *Sur la distribution géographique des Xyleutes* (Etudes de Lépidoptérologie comparée, 1916. Fasc. XI *bis*, p. 86). — « Ailes antérieures portant, surtout chez les mâles, une longue tache noire, brisée, dans le sens de leur grand axe. »
PÉROU : Huambo (*M. de Mathan*).

OBS. — Nous trouvons encore dans les *Proceedings of the Roy. Soc. of Queensland*, 1915, Vol. XXVII, une étude de M. le D¹ Jefferis TURNER où sont citées deux nouvelles espèces de *Xyleutes;* ce sont:
Xyleutes Dictyoschema, Turn. — *Studies in Australian Lepidoptera*, 1915, p. 55.
Xyleutes Leucomochla, Turn. — *Loc. cit.*, 1915, p. 55.
Il nous semble que ces deux espèces doivent être rapprochées de notre sous-genre *Melanocossus.*

Déduction faite de l'espèce désignée par Hammerschmidt sous le nom de *Redtenbacheri* et qui appartient à un tout autre genre, le Catalogue de Kirby (1) ne mentionne que 26 espèces de *Xyleutes*.

Le Dr Jefferis Turner, M. F. Lucas ainsi que M. F. P. Dodd ont fait, ces dernières années, en Australie, des découvertes qui ont augmenté ce nombre considérablement ; le présent travail donne déjà l'indication de 74 espèces et nous sommes loin de connaître toute la faune zeuzéro-cossidienne des pays tropicaux.

Il est tout à fait remarquable de constater que jusqu'ici, la Nouvelle-Zélande, si voisine de l'Australie, n'a fourni aucune espèce de *Xyleutes*. Ce fait est en parfait accord avec les données de la paléogéographie qui nous montrent ce pays constamment noyé sous les eaux de la Mésogée jusqu'au début des temps tertiaires, et, depuis cette époque, séparé de la Nouvelle-Hollande par un détroit profond, large d'environ 1.800 kilomètres.

Quoi qu'il en soit, le dénombrement par régions des espèces de *Xyleutes* aujourd'hui connues peut se faire ainsi qu'il suit :

Espèces d'Australie et de Tasmanie	....	40
— strigoïdes, Indo-Malaises et éthiopiennes	....	17
— Africano-Malgaches	....	6
— Américaines	....	9
TOTAL	....	72

*
* *

Si restreint qu'il soit, le présent travail n'en a pas moins exigé une certaine somme de patience et d'efforts. On pourra évidemment critiquer nos recherches, on pourra n'avoir aucune estime pour la méthode qui les a conduites, nous pensons cependant qu'il sera difficile d'en contester les conclusions, surtout en ce qui concerne la distribution géographique des *Xyleutes*.

Quels que soient les arguments que l'on invoquera, il paraît difficile de ne pas admettre que l'on trouve aujourd'hui cinq souches xyleutéennes bien tranchées à la surface de la Terre ; c'est là un fait, dont l'importance ne saurait échapper à ceux qui s'intéressent aux généralisations de la science entomologique. D'ailleurs nous serions heureux de voir formuler des preuves contraires si l'on croit qu'il en existe.

Il ne serait pas non plus exact de dire que la méthode paléogéographique ne renferme en elle-même aucun élément de certitude, du moment qu'elle ne s'applique pas, avec la même précision, à

---

(1) KIRBY (W. F.). — *A Synonimic Catalogue of Lepidoptera Heterocera* (Moths). Vol. 1, *Sphinges* and *Bombyces*. London, 1892, in-8°, 951 pages.

tous les Insectes. Tous les animaux ne sont pas apparus en même temps sur le globe ; ils se sont, par ailleurs, disséminés avec des chances bien inégales et avec des vitesses bien différentes ; beaucoup même ont évolué sur place sans effectuer jamais aucune migration, et si, par surcroît, leurs débris à l'état fossile sont inconnus, pour ceux-là, évidemment, la paléogéographie est un oracle fermé.

Nous ne nous faisons aucune illusion ; nous savons très bien que le cadre que nous venons de tracer n'est qu'une ébauche et que, dans l'avenir, beaucoup de documents, actuellement inconnus, viendront l'étendre et le compléter ; cependant, malgré nous, une conviction tend à s'affermir dans notre esprit : c'est qu'il y aura peu de chose à changer aux bases de notre plan. Nous sommes convaincu que les documents nouveaux prendront place successivement dans les subdivisions que nous avons établies et qu'il ne sera pas tout de suite nécessaire d'en créer de nouvelles. S'il y a des améliorations à apporter aux conclusions de notre travail, elles proviendront moins de la découverte de Lépidoptères nouveaux, actuellement inconnus, que des modifications qui s'introduiront, petit à petit, dans nos connaissances relativement aux Continents, à mesure que des progrès seront réalisés dans le domaine de la paléontologie et de la paléogéographie.

Quoi qu'il en soit, si quelque entomologiste, aussi favorisé que nous l'avons été, parvient à nous donner, dans l'avenir, une explication plus rationnelle et plus simple de la distribution des *Xyleutes* à la surface de la Terre, nous déclarons à l'avance que nous l'acceptons. Notre amour-propre d'auteur n'en concevra aucune amertume.

C. HOULBERT.

TABLE DES MATIÈRES

DU FASCICULE XI *bis*

des *Études de Lépidoptérologie comparée.*

IMP. OBERTHÜR, RENNES (1815-15).

www.ingramcontent.com/pod-product-compliance
Lightning Source LLC
Chambersburg PA
CBHW070525200326
41519CB00013B/2933